기초 식품분석학

BASIC FOOD ANALYSIS

보무각

◇ 공 저 자

남 상 해 (진주산업대학교 교수)
장 정 옥 (경원대학교 교수)
박 성 진 (한림성심대학 교수)
김 미 향 (상주대학교 교수)
함 태 식 (한서대학교 교수)

기초 식품분석학

저　　자 : 남상해 · 장정옥 · 박성진 · 김미향 · 함태식
발 행 인 : 이호동
발 행 처 : **보무각**

신　　고 : 302-2003-00085
주　　소 : 서울특별시 광진구 구의2동 26-20
전　　화 : 02-468-0457　Fax : 02-468-0457

초판인쇄 : 2009년 8월 15일
초판발행 : 2009년 8월 20일

정　　가 9,000원

ISBN 978-89-6220-043-0　　93570

Preface

오늘날의 식품산업은 새로운 가공식품의 개발과 대량생산 및 그 용도의 다양화를 특성으로 삼고 있다. 그러나 20세기 종반이후부터 급격한 산업의 발전과 더불어 환경의 오염이 심각해짐으로서 식품의 오염기회도 자연히 증가하게 되어 이제는 안전한 식품 만들기에 더욱 열을 올리고 있는 것 같다. 이러한 식품의 안전성이 심각하게 위협을 받고 있으나 이에 적절히 대응할 만한 법적 규제는 이를 신속하게 뒤따르지 못하는 실정이다. 종래의 식품분석은 주로 영양학적 평가에 주로 역점을 두었으나, 이제는 식품의 안전성 평가를 위한 유해물질의 검출 및 분석, 또는 안전하게 제거하는 방법들에 오히려 더욱 역점을 두어야 할 것으로 생각한다. 따라서 식품 속에 미량으로 함유된 유해성분을 분석하기 위하여 고성능의 분석기자재들이 많이 개발되어 이용되고 있으며, 이를 이용한 신속하고 정밀한 분석법들이 개발되어 나오고 있다. 따라서 필자는 종래의 식품분석에 관한 기초지식과 최근에 개발된 분석법들을 조사하여 수록하려고 많은 노력을 하였다. 그러나 아직은 내용과 교재의 구성에서 미흡한 부분이 많으리라고 생각한다. 필자는 매년 이 교재를 보완하여 더욱 알차게 만들 것을 약속한다.

끝으로 이 책이 출판될 수 있도록 아낌없는 지원을 하여주신 도서출판 보문각 관계자들에게 감사를 드리며, 편집을 도와준 여러분들께 감사를 드립니다.

편저자들 씀

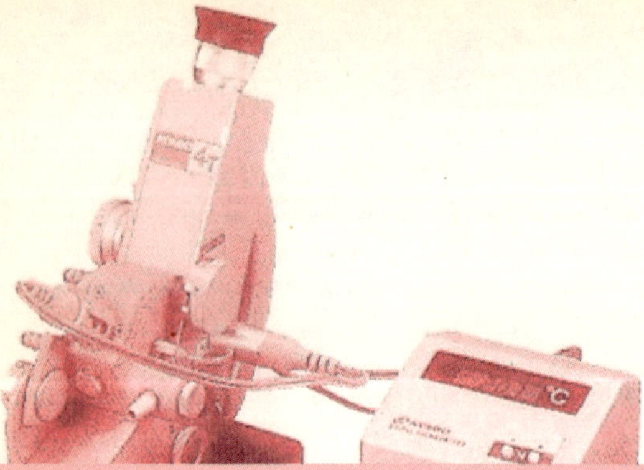

기초 식품분석학

제1부

식품분석 개론

1장 식품분석의 기초

1. 실험의 기초지식

모든 기구 및 시약들은 정해진 보관 장소에 깨끗이 정리되어 있어야 하고 특히 보존온도가 지정되어 있는 약품들은 적절한 냉장·냉동고에 보관하여야 하며, 차광을 필요로 하는 시약은 암소에 보관하여야 한다. 또한 실험 후 실험대와 사용한 초자기구 등은 세척 건조하여 정해진 장소에 정돈하여야 하며, 휴지 등의 각종쓰레기는 즉시 치워야 하며 시약류를 버릴 때는 지정된 폐수 수집조나 폐수전용 싱크를 이용하여야 한다.

시약의 취급법은 우선 고체시약과 액체시약을 구분하여 알파벳순으로 정리해 두어야 한다. 고체시약을 들어낼 때에는 시약스푼을 사용하여야 하며 조해성이 있는 시약은 사용 후 즉시 마개로 밀봉하여야 한다. 액체시약은 적은 양을 취할 경우에는 피펫을 주로 이용하고, 다소 많은 양을 취할 경우에는 매스실린더를 이용하여 취한다. 만약 유해가스가 발생하거나 유독한 시약일 경우에는 피펫 필러(pipette filler)를 이용하는 것이 좋다. 액체시약을 직접 다른 용기로 옮길 때에는 병의 label부분을 감싸 쥐고 부어야 흘러내린 시약으로 인한 label 손상을 막을 수 있다. 조제된 시약은 즉시 시약 명, 농도, 용도, 조제일자, 조제자의 이름을 기록한 label을 부착해야 한다.

실험실은 인체에 유해한 화학물질, 위험한 기구 및 인화성 물질들이 많이 있으므로 안전을 위하여 각별한 주의를 기울여야 한다. 특히 식품분석실험실은 ether, benzene, acetone 등의 유기용제를 많이 사용하므로 화재의 위험에 항상 노출되어 있으므로 실험실에서는 절대 금연하여야 한다. 또한 시약 중에는 발화 및 폭발의 위험성을 가진 것도 있으므로 이에 대한 사전 지식을 충분히 알고 취급하도록 한다. 예를 들어 황산과 물을 혼합할 경우 물에 황산을 소량씩 섞어야 한다. 만약 황산에 물을 섞으면 격렬한 반응이 일어나 폭발의 위험이 있으므로 주의해야 한다. 강산 또는 강알칼리성 물질은 피부나 의복을 손상시키므로 주의해야 한다. 만일 피부에 묻었을 경우에는 즉시 흐르는 물로 헹구어야 하며, 심한 경우에는 의사의 치료를 받아야 한다. 그리고 유기기구의 파손과 실험실의 환기에도 관심을 가져야 한다. 유리기구의 세척 시 파손되지 않도록 주의하고, 파손된 유리는 다치지 않도록 쓸어 모아 버려야 한다. 실험실에 보관된 각종 약품에서 발산하는 휘발성분은 인체에 유해한 것들이 많으므로 입실 후에는 즉시 창문을 열고 환기시키고, 자주 환기를 시키는 것을 잊지 말아야 한다. 특히 휘발성이 강한 유기용제를 취급할 경우 draft 실내에서 행하는 것이 좋다.

실험을 종료하고 퇴실할 경우에는 전력 및 급수의 차단을 확인하고 기구 및 기기의 정돈을 확인한 후 퇴실하도록 한다.

2. 시약의 조제 및 농도

1) 단위

(1) 부피단위

부피단위란 ℓ, mℓ 및 μℓ 등이 있다. cc와 mℓ는 동일하게 사용되나 정확히는 1 ℓ =1,000.27cc이며 1 ℓ=1,000mℓ이므로 mℓ 단위를 쓰는 것이 좋다. 1 ℓ는 4℃, 1atm 하에서 순수한 물 1kg이 차지하는 부피이다.

(2) 무게단위

무게단위는 kg, g, mg 및 μg 등이 있다. Vitamin의 경우에는 국제단위(International unit, IU)로 나타낸다.

2) 용액의 농도

농도(concentration)란 용액의 조성, 즉 진하고 묽은 정도를 나타내는 말이며, 용매 또는 용액의 일정량에 대한 용질의 양으로 나타낸다. 용액의 농도를 나타내는 일반적인 표시법은 다음과 같다.

(1) 백분율 농도(Percentage, %)

① 무게 백분율농도(%w/w) :

용액 100g속에 녹아 있는 용질의 g수로서 나타내는 방법이다. 예를 들면 5% NaOH 용액이란 용액 100g에 NaOH 5g을 포함하는 용액을 말한다.

② 무게 대 부피 백분율농도(%w/v) :

용액 100㎖속에 녹은 용질의 g수로 나타내는 방법이다. 10%(w/v) NaCl 용액은 용액 100㎖에 NaCl 10g이 녹아 있는 용액이다. 그러나 이때에는 온도에 따라 용액의 부피가 변하므로 반드시 온도를 표시하여야 한다.

③ 부피 백분율농도(%v/v) :

액체상태의 시약으로 용액을 만들 때 많이 이용되는 부피백분율 농도는 용액 100㎖에 함유하는 용질의 부피(㎖)를 나타낸다. 부피로 나타내는 또 하나의 경우는 부피비 농도(volume rate concentration)로서 농도가 진한 시약과 용매의 부피비로서 표시하는 농도가 있다. 즉 1:3 HCl 수용액은 진한 HCl의 부피에 대해 3배의 물을 섞은 용액이다.

(2) 몰농도(Molarity, M)

시액 1 ℓ중에 용해되어 있는 용질의 양을 mole(g분자량)수로 표시한 것이며 M으로 표기한다. 예를 들어 1M의 NaOH 용액은 1 ℓ중 NaOH(분자량 40) 40g이 용해되어 있음을 뜻한다.

(3) 노르말 농도(Normality, N)

시액 1 ℓ중에 용해되어 있는 용질의 양을 당량*(equivalent weight)수로 표시한 것을 노르말 농도라고 하며 N으로 표시한다. 예를 들어 1N NaOH 용액 1 ℓ중에는 NaOH 40g이 용해되어 있고, 1N H_2SO_4 용액 1 ℓ중에는 H_2SO_4(분자량 98) 49g이 용해되어 있다.

★ 당량 : 산화환원반응에서 1몰의 전자와 반응하거나 생성하는, 또는 산 염기의 반응에서 1몰의 수소이온과 반응하거나 생성하는 물질의 양으로 정의하며, 어떤 물질 1당량은 이와 반응할 수 있는 다른 물질 1당량과 정확하게 반응한다.

(4) ppm 및 ppb 농도

ppm(part per million)과 ppb(part per billion)는 각각 백만분율과 십억분율이다. 이들은 용액의 용량에 대한 용질의 중량을 표시하는 단위로서 ppm의 단위는 ㎍/㎖ 과 mg/ℓ로 사용하기도 하며, 고체물질 중의 존재비율로 표시할 경우에는 ㎍/g과 mg/kg의 단위를 사용하기도 한다. ppb의 단위는 ng/㎖ 와 ㎍/ℓ로, 고체물질 중의 존재비율로 표시할 경우에는 ng/g과 ㎍/kg으로 표시할 수 있다.

3) 용액의 묽힘

(1) 백분율 농도의 묽힘

농도가 a%와 b%인 두 용액(a>b)을 혼합하여 중간농도인 c%인 용액을 Dmℓ를 만들려고 하면 다음과 같은 공식을 이용한다.

```
a           c－b＝A
  ↘       ↗
      c
  ↗       ↘
b           a－c＝B
```

a % 시액 필요량 = (A/A+B) × Dml
b % 시액 필요량 = (B/A+B) × Dml

(예제 1) 98% H_2SO_4 시액을 증류수로 희석하여 20% H_2SO_4 200ml를 조제하여라.
(예제 2) 35% HCl과 10% HCl 용액을 혼합하여 20% HCl 500ml를 조제하여라.

(2) 규정농도의 묽힘

진한용액의 부피를 V_1, 규정농도를 N_1이라 하고, 제조하고자 하는 용액의 부피와 규정농도를 각각 V_2, N_2라 할 때, 다음과 같은 관계식이 성립하며 이 식을 이용하여 쉽게 계산할 수 있다.

$$N_1 \cdot V_1 = N_2 \cdot V_2$$

(예제) 5N HCl 용액을 사용하여 0.1N HCl 250ml를 만드는 법을 설명하라.
(풀이) 5×V=0.1×250 ∴ V=5ml
즉 5N HCl 5ml를 물로 희석하여 전체량이 250ml로 되게 하면 된다.

3. 기초적인 실험조작

1) 가열과 건조

(1) 가열

가열은 실온에서 반응하기 어려운 것을 쉽게 반응하게 하거나 고체시약 등의 용해를 촉진시키는데 필요하다. 화학반응의 속도는 온도의 상승과 함께 일반적으로 현저히 증가하는 경향이 있기 때문이다. 유리 용기를 가열할 때에는 서서히 고르게 가열하지 않으면 파손되기 쉽다. 특히 시료가 적을 때에는 화력을 약하게 하여 튐(돌비: bumping)을 방지하도록 하여야 한다. 그리고 시료의 성질이나 실험 목적에 따라서 일정한 온도를 유지하면서 가열해야 할 때도 있다. 이러한 경우 저온일 때에는 탕욕(water bath), 고온일 때에는 유욕(oil bath), flask heater 등을 사용한다.

(2) 건조

고체분말 시료를 실온에서 건조하려면 desiccator를 이용한다. 건조제로서는 탈수 염화칼슘, 진한 황산, 실리카겔* 등을 사용한다. 이때 vacuum을 사용하여 흡인하면 더욱 빨리 건조시킬 수 있다. 그러나 수분의 함량이 비교적 많은 고체 시료를 가열로서 건조할 경우에는 전기항온건조기를 주로 사용한다. 대부분의 전기항온건조기는 온도가 60~150℃로 자동 조절되며, 건조 속도를 빠르게 하기 위하여 이를 응용한 통풍건조기나 진공건조기도 이용되고 있다.

★ 실리카겔(silicagel) : $CoCl_2$(청색)로 착색한 것을 건조제로 주로 사용하며, 수분을 흡수하지 않을 때에는 청색을 유지하면서 흡습성이 강하다. 그러나 수분을 많이 흡수하면 수화물로 변함에 따라 보라색으로 변색하며 흡습성이 떨어진다. 이는 105℃의 건조기에 약 1~2시간 동안 넣어 두면 청색으로 되며 다시 흡습성을 가지게 된다.

2) 여과, 추출 및 분리

(1) 여과

고체와 액체가 혼합되어 있는 시료를 분리하는 데 주로 이용된다. 여과법에는 거름종이(filter paper)를 사용하는 보통여과법과 흡입 여과법이 있다. 보통여과법은 상압여과법이라고 하며 원형의 거름종이를 접어 깔때기에 밀착시켜서 여과하며, 감압여과법은 Buchner's funnel(nutsche)에 거름종이를 놓고 vacuum pump로서 감압하면서 여과한다. 그러나 거름종이가 시료에 작용할 우려가 있을 경우에는

glass filter를 사용한다.

(2) 추출 및 분리

고체 또는 액체에 섞여 있는 물질을 용매를 써서 분리하는 방법을 추출이라고 한다. 혼합물의 상태가 액체인가 고체인가에 따라 그 조작에 차이가 있다. 일반적으로 액체의 경우 분액깔때기(separating funnel)를 이용하고, 고체의 경우에는 soxhlet extractor를 사용한다.

(3) 원심분리

여과법에 의하여 분리하기 어려운 경우에 원심분리를 한다. 그냥 방치해 두어도 용액중의 침전은 중력에 의하여 침강하지만, 원심분리기(centrifuge)에 의한 원심력을 이용하면 급속히 침강한다.

3) 증류와 재결정

(1) 증류

액체의 정제에 많이 이용하며 액체를 기화시켜 이를 응축시켜 다시 액체로 모으는 조작을 증류라고 한다. 증류용 flask에는 증류하려는 액체를 1/2쯤 넣고 그 속에 여러 개의 사기 조각을 넣어 bumping을 방지한다. 보통 water bath는 비등점 80℃까지의 액체를 증류하는데 사용하며 증류 온도가 높을 경우에는 oil bath나 flask heater를 사용한다. 증류 온도가 높아서 증류로 인한 물질의 변질 우려가 있을 경우에는 장치 내부의 압력을 낮추고 저온에서 증류하는 감압증류법을 이용한다.

(2) 재결정

고체시약의 정제에 주로 이용하며, 가열·용해·여과·냉각 등의 조작을 반복하여 수행한다. 일반적으로 물을 가열하면서 고체시약을 가능한 많이 용해하여 이것을 냉각하기 전에 여과하여 물에 불용인 불순물을 제거한다. 이 때 용액은 거의 포화용액이 되어 있으므로 여과도중에 결정이 석출되어 얻어지는 양이 적어질 우려가 있다. 이때에는 보온 깔때기를 이용하면 편리하다. 여과액은 찬물로 냉각하거나 냉장고 속에 넣어 결정을 석출시킨다. 이 조작을 몇 번이고 되풀이함으로서 결정질 고체를 정제할 수 있다.

4. 용량분석

용량분석(volumetric analysis)은 시료로부터 목적하는 성분을 적당한 용매로 추출하거나 회화시켜서 일정량의 시료용액을 조제하고 농도를 알고 있는 표준용액으로 적정하여 적정에 소요되는 표준용액의 양과 당량의 관계를 이용하여 목적하는 성분의 함량을 산출하는 방법이다.

1) 시료의 조제와 적정

시료를 분쇄, 추출, 용해, 희석 등의 방법에 의해서 목적하는 성분이 녹은 시료용액을 제조한 후, 일정량을 pipette를 이용하여 삼각 flask나 beaker에 채취한다. 이렇게 조제된 시료용액에 적정표준용액을 burette에 넣고 천천히 적정하여 정확한 적정치를 구한다. 적정 시 종말점을 찾기 어려운 경우에는 적당한 지시약(indicator)을 사용하고, 지시약은 적정 시 반응에 대하여 악영향을 미치지 않고 적당한 변색범위를 가진 것은 사용한다. 적정에 사용되는 표준용액은 용량분석에 정확성을 결정하는 인자로서 정확히 조제해야 하며, 표준용액을 보정하는 표정물질은 수산탄산나트륨, 수산암모늄 등과 같은 안정한 특급시약을 선택하여 만들어진 적정용액의 factor를 측정하여 시약병에 규정농도와 factor를 표시한다. 예로서 0.1N 용액을 정확한 0.1N 수산나트륨의 표정용액으로 적정한 결과, 염산의 농도가 0.1001N이라면 0.1N HCl(F=1.001)로 표시한다.

2) 중화적정법(Neutralimetry)

중화적정은 산과 알칼리의 중화반응을 이용한 분석방법으로서 시료 중 미지농도의 산을 농도를 알고 있는 알칼리 표준용액으로 적정·중화하여 산을 정량하는 산정량(acidimetry)과 그 반대인 알칼리정량(alkalimetry)의 두 가지 방법이 있다. 산 · 알칼리반응은 중화점 부근에서 색깔의 변화를 나타내는 지시약을 첨가하여 반응의 종말점을 알 수 있도록 한다. 일반적으로 사용되는 지시약으로는 phenolphthalein, methyl orange 등이다.

3) 산화환원적정법(Oxidation-reduction titration)

산화제를 표준용액으로 하여 환원성 물질을 정량하거나 환원제를 표준용액으로 하여 산화성 물질을 적정하는 방법을 산화환원적정법이라고 한다. 표준용액으로 가장 많이 사용되는 산화제는 $KMnO_4$, $K_2Cr_2O_7$, I_2, Br_2, $KBrO_3$, KIO_3 등이며 환원제로는 $Na_2S_2O_3$, $FeSO_4$, As_2O_3, $H_2C_2O_4$ 등이다. 이 적정법에서 자주 사용하는 지시약으로는 diphenylamine, ophenanthroline, phenylanthranilic acid 및 diphenylaminesulfonic acid 등이다. 한편 식품분석에서 자주 사용하는 산화제인 과망간산칼륨($KMnO_4$)은 그 자체가 짙은 색깔을 가지고 있고 종말점인 환원상태가 되면 옅은 색깔로 변하기 때문에 지시약 없이도 적정이 가능하다.

4) 킬레이트 적정법(Chelatemetry)

금속이온을 함유한 시료용액에 금속이온과 반응하여 변색하는 금속지시약을 첨가하여 변색시킨 다음 킬레이트 표준용액으로 적정한다. 이 때 금속지시약과 결합하고 있던 금속이온은 킨레이트 용액과 다시 결힙하어 금속의 길레이트 화합물을 형성하므로 종말점에서 금속이온을 모두 빼앗긴 금속지시약은 원래의 색으로 변한다. 이와 같이 킬레이트 표준용액을 적정하여 시료중의 금속이온을 정량하는 방법을 킬레이트 적정이라고 한다. 킬레이트 표준용액으로는 EDTA(Ethylene diamine tetraacetic acid)와 NTA(Nitrilotriacetic acid)를 주로 사용하며, 금속지시약은 eriochrom black T(erio black T), pyrocathecol violet(PV), murexide(MX), phthalein complexone(PC), α-pyridilazonaphtol(PAN) 등이 사용된다.

5) 침전적정법(Precipitation)

침전적정은 시료중의 특정물질과 반응하여 불용성의 침전을 생성시키는 침전표준용액을 적정하는 방법으로서 시료중의 특정물질이 모두 침전으로 변하고 나면 침전표준용액은 지시약과 반응하여 변색시키므로 반응의 종말점을 확인한다. 식품분석에서 자주 사용되는 침전표준시약은 $AgNO_3$이며 함께 사용되는 지시약은 K_2CrO_4이다.

6) 요오드적정법

요오드 적정은 산화환원적정의 일종이지만 식품분석에서의 활용범위가 넓어 별도로 설명한다. 또한 요오드적정은 시료성분의 산화환원전위에 따라서 적정방식을 달리하는 iodimetry와 iodometry의 2가지 방식으로 나눌 수 있으며, 지시약은 모두 전분 시액을 사용한다.

5. 중량분석

1) 중량분석의 기본조작

(1) 시료의 조제와 칭량

시료조제는 분쇄 및 마쇄에 의하여 적당한 정도로 잘게 한 것을 칭량병에 넣어 칭량한다. 이 방법에서 적당한 량은 0.5~1.0g 정도이다. 여기에서 주의할 것은 시료의 건조상태이고 어떤 상태에서 칭량하였는가를 실험방법과 결과에서 반드시 명시해 주어야 한다.

(2) 시료의 성분 추출

물, 유기용매, 산등의 적당한 용매에 시료를 가하여 목적하는 성분을 추출하여 액상으로 추출한다. 이 추출액은 적당한 방법으로 건조시켜 칭량하여 그 함량을 구한다.

2) 침전법

(1) 침전의 생성

침전법에 있어서 침전을 정량적으로 생성시키는 것이 중요하다. 이 때문에 용액의 pH, 침전제의 첨가량, 용액의 온도와 침전의 용해도 등에 주의를 해야 한다. 용액의 pH가 적당하지 않으면 침전을 정량적으로 생성시킬 수가 없다. 그러므로 목적 성분의 성질에 맞는 pH를 유지해야 한다. 당량보다 많은 침전제를 가하는 것은 시약의 낭비와 오차를 크게 하므로 적당한 양의 침전제를 사용해야 한다. 침전의 입자는 가능한 성장시켜서 큰 입자로 만들고 침전의 용해도를 적게 하여 불순물의 흡착을 적게 하는 동시에 여과, 세척조작을 쉽게 하기 위해서 침전제 첨가 후 가열하여 용액의 농도를 높이는 것이 보통이다.

(2) 여과 및 세척

여과는 침전을 용액으로부터 분리하기 위하여 가장 많이 이용되는 방법이다. 여과법에는 경사법, 감압여과법 등이 있으며 여과가 어려울 경우에는 원심분리를 하는 것도 좋은 방법이다. 다음에 용액에서 침전을 완전히 분리할 목적으로 세척을 하는데 이 경우에는 소량의 세척액으로 많은 횟수를 시행하는 것이 효율적이다.

(3) 침전물의 건조와 회화

세척이 끝난 다음 침전을 건조하든지 또는 고온으로 가열·회화시켜 조성이 일정한 칭량형으로 만들어야 한다.

(4) 칭량

이상과 같이 처리한 것을 직시천칭이나 화학천칭으로 그 중량을 칭량하여 목적하는 성분의 함량을 구한다, 건조, 방냉, 칭량을 반복하여 항량을 구하여야 한다.

6. 분광분석법

분광분석법(spectrometry)은 시료액에 발색시약을 가하여 목적하는 성분을 발색(유색물질은 그대로 씀)시켜 일정한 파장에 빛에 노출시켜 그 흡광도를 측정하고 물질의 농도와 흡광도와의 비례관계를 이용하여 성분의 함량을 측정하는 분석법이다. 이 방법의 특징은 유기 및 무기물질에 대하여 널리 응용할 수 가 있고, 정확성과 감도가 뛰어나므로 미량성분의 분석에 매우 용이하다.

1) 분광분석법의 원리

빛은 착색된 용액 층을 통과할 때 일부 파장의 빛은 흡수되고 나머지는 투과하게 된다. 즉, 그림 1-1과 같이 용액 층의 두께가 b cm이고, 성분의 농도가 c인 용액 층을 통과하였을 때 광자와 흡수입자의 상호작용에 의해서 빛의 세기는 P_0에서 P로 감소한다.

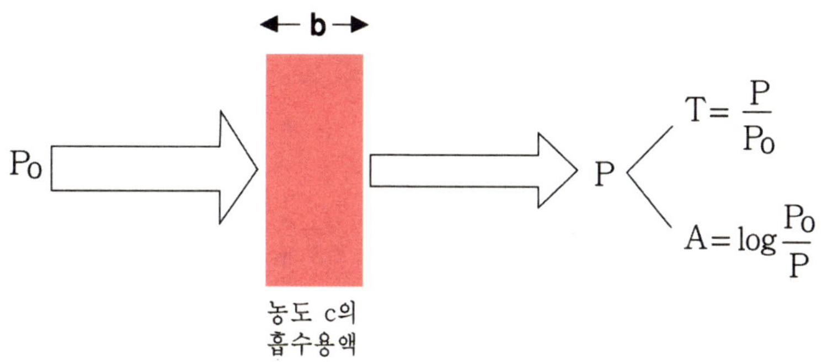

그림 1-1 흡수용액에 의한 복사선의 흡수

용액의 투광도(T)는 용액을 투과한 입사광의 분율이다.

즉, $T = \frac{P}{Po}$ ---------- ①

용액의 흡광도(A)는 다음 식과 같이 정의한다.

$A = \log\frac{1}{T} = \frac{1}{P}$ ---------- ②

Beer-Lambert의 법칙에 따라 흡광도는 빛이 통과하는 용액의 두께와 성분의 농도에 정비례한다.

$A = abc$ ---------- ③

여기서 a는 흡광계수라는 비례상수로서 b와 c에 적용하는 단위에 따라 달라진다. 농도는 mole/ℓ로 그리고 시료용기의 두께를 cm로 나타내는 경우 흡광 계수는 몰 흡광계수(ε · Lcm^{-1} mol^{-1})로 나타내어 다음 식이 성립된다.

$A = \epsilon bc$

그러므로 액 층의 두께가 일정하면 흡광도와 농도는 비례한다.

2) 기기장치

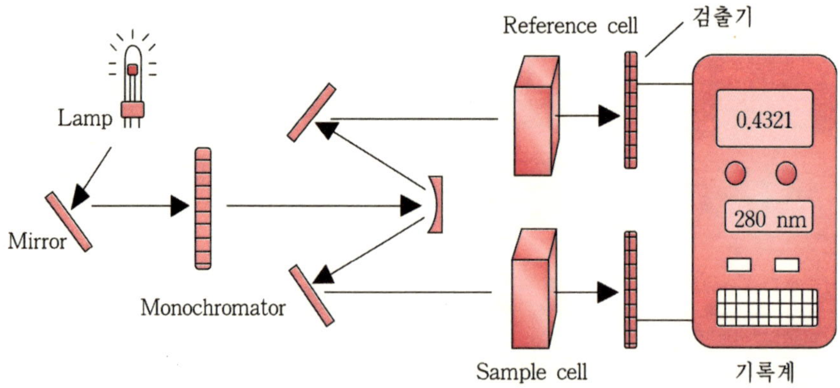

그림 1-2 분광광도계의 부분장치

분광광도계는 어떤 액 층을 통과한 빛의 투과도나 흡광도에서 발생하는 광학적 신호를 전기적신호로 변화시켜 이를 측정·분석하는 기기로서 비교적 간단하고 값싼 기기이다. 분광광도계는 그림 1-2와 같은 부분장치로 구성되어 있다.

(1) 광원(Lamp)

일반적으로 중수소 방전관과 텅스텐램프의 두 종류가 설치되어 있다. 중수소 방전관은 자외선 영역(180~380nm), 그리고 텅스텐램프는 가시광선영

(2) 단색화 장치(Monochromator)

광원에서 나온 빛의 파장은 다양하며, 다양한 파장의 빛 중 특정파장의 빛만 통과시켜 단색광을 만들어 주는 장치이다. 과거에는 프리즘으로 된 필터를 사용하였으나 근래에는 회절격자로 분광하는 단색화 장치를 사용하고 있다.

(3) 시료실(Sample chamber)

시료용액과 대조액을 담은 셀을 고정하고 단색광을 투사시키는 부분이다. 시료실은 시료셀과 대조셀을 동시에 설치하고 단색광이 두 셀을 교대로 투사하여 두 셀의 투과도 차이로부터 시료용액 중 용질의 흡광도를 구하는 double beam 방식과 셀을 고정시키는 측정구가 하나밖에 없어 시료셀과 대조셀을 교대로 넣어 측정하는 single beam방식이 있다.

(4) 검출기(Detector)

셀을 투과한 빛은 광전자 증배관에서 빛의 강도에 비례하여 광전류를 발생하고, 발생된 전류는 증폭되어 전기적 신호로 표시부에 나타낸다.

(5) 셀(Cell)

시료용액, 대조용액 및 표준용액을 담고 측정구에서 빛을 투과시키도록 만든 용기이다. 재질은 가시광선 영역의 빛에 적합한 유리제와 자외선과 가시광선 영역에 적합한 석영제가 있다.

3) 시료의 조건

분석하고자 하는 시료 성분은 자외선 또는 가시광선 영역에서 빛의 흡수가 일어

나는 물질이어야 한다. 대부분의 유기화합물과 금속 착화합물은 흡수가 일어나므로 분석이 가능하다. 그러나 흡수가 일어나지 않거나 미약하여 분석이 불가능한 성분일 경우에는 적당한 발색제로 발색하여 분석하여야 한다. 시료의 표준물질은 적당한 용매로서 용액으로 만들어야 하며 이때의 용매가 통상 대조액이 된다.

7. 크로마토그래피(Chromatography)

1906년에 소련의 식물학자인 Mikhail Tswett는 탄산칼슘(Ca_2CO_3)을 채운 유리관에 식물성 색소를 petroleum ether와 함께 용출시켜서 chlorophyll a, chlorophyll b 및 xanthophyll을 분리하는데 성공하였다. 분리된 물질들이 색을 가진 띠로 나타났다고 해서 그리스어인 chrom과 graphas라는 말에서 chromatography가 생겨났다. 크로마토그래피는 혼합물질로부터 방해물을 제거하고 목적하는 성분을 순수분리 및 확인하는 수단으로써 이용되며, 근래에 많은 과학자들에 의해서 복잡한 혼합물을 순수분리하기 위해 여러 가지 크로마토그래피와 분리방법들이 개발되어 많은 연구에 이용되고 있다.

1) 원리와 종류

크로마토그래피는 고정상(stationary phase)과 이동상(mobile phase)을 이용하는데 혼합물의 성분들은 이동상의 흐름에 따라 고정상을 통해 이동되고 분리되는 시료 성분들 사이의 이동속도의 차이에 의해서 가능하게 된다. 그러므로 크로마토그래피법에서 분리되는 성분은 이동상에 녹아야 하고 고정상과 반응하여 녹아들거나 흡착되든지 또는 화학적으로 반응할 수 있어야 한다.

2) 종이크로마토그래피(Paper Chromatography)

종이크로마토그래피는 다공성이 있고 고순도로 정제한 종이를 이용하여 종이가 함유한 물을 고정상으로 하여 적당한 전개용매(이동상)를 전개하여 성분을 분리한다. 이 방법은 전개방법에 따라 상승법(asending)과 하강법(desending)이 있으며 한쪽 방향만 전개하는 일차원법(one dimension method)와 두 방향으로 전개하는 이차원법(two dimension method)이 있다.

3) 박층크로마토그래피(Thin layer chromatography)

Alumina, silica gel, kieselgel(규조토) 등의 흡착제를 유리판 위에 얇게 입히고 건조 활성화 시킨 다음 시료를 spot하여 전개하는 방법을 박층크로마토그래피(TLC)라 한다. 이 방법은 조작이 간단하고 전개시간이 짧으며 분리능이 높고 흡착제를 선택적으로 사용할 수 있는 것이 장점이다. TLC는 무기물은 물론 유기물에도 광범위하게 이용되며, 특히 식품분석에서는 지질, 방향성 성분, amino acid, pigment, steroid, alkaloid 등의 분리에 이용되고 있다.

4) 칼럼크로마토그래피(Column chromatography)

칼럼크로마토그래피는 충진제를 넣은 용기로서 관(column)을 사용하는 크로마토그래피의 총칭이며 혼합물 시료가 충진제가 채워진 관내를 이동할 때 각 성분들의 이동속도의 차이에 의하여 분리되는 방법이다. 이 방법은 관내에 주입된 성분을 동일한 용매 혹은 용출력이 큰 용매 또는 적당한 혼합용매로 전개를 계속함으로 흡착력이나 분배계수에 따라 성분이 분리된다. 충진제의 종류에 따라 겔 크로마토그래피, 이온교환크로마토그래피, 친화크로마토그래피 등으로 구분된다. 이 방법은 식품분석분야 뿐만 아니라 생화학, 약학, 의학분야에서 효소, protein, DNA, 탄수화물, 기타 생체물질 등 고분자물질의 분리, 정제에 많이 이용되고 있다.

5) 가스크로마토그래피(Gas chromatography)

이동상으로 기체를 사용하는 크로마토그래피를 가스크로마토그래피라 부르며, 고정상을 흡착제로 사용하는 것을 gas-solid chromatography(GSC)와 액체를 담체(subtrate)에 흡수시켜 고정상으로 사용하는 gas-liquid chromatography(GLC)가 있다. GC의 장치를 기능별로 나누어 보면 시료용액을 주입시키고 기화시키는 주입장치(injector), 기화된 시료성분들을 분리하는 칼럼(column), 분리된 성분들의 존재와 양을 전기적 신호로 바꾸어 주는 검출기(detector), 검출된 전기적 신호를 기록해 주며 정량결과를 적분하여 기록하는 적분기록계(integrator)로 구성되어 있다. GC에 사용되고 있는 칼럼의 종류는 형태, 충진제의 종류 및 기능 등의 차이로 인하여 다양하게 분류되고 있다. 그러나 이를 크게 두 종류로 나누어 본다면 packed column과 capillary column으로 구분할 수 있다.

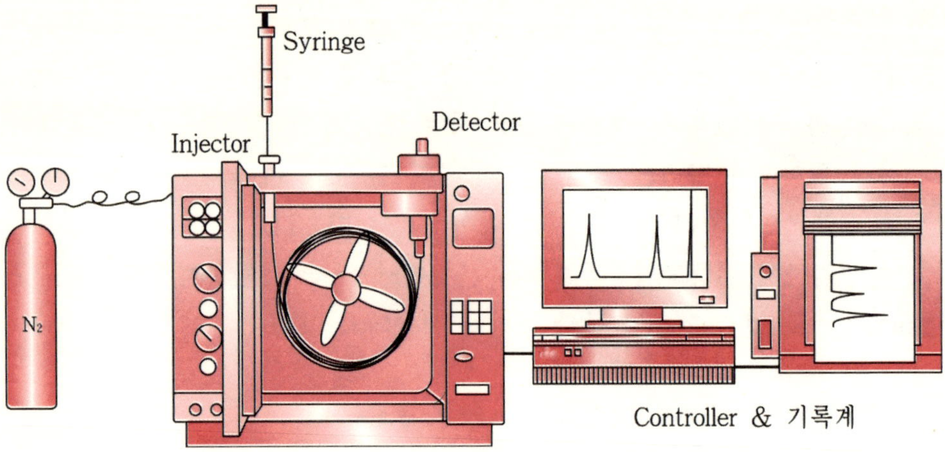

그림 1-3 Gas chromatography의 장치 개략도

Capillary column은 내경이 아주 작으나 길이가 길어서(25~100m), 내경이 크고 길이가 짧은(2~6m)packed column에 비하여 분리능이 우수하다. Detector의 종류에도 그 용도에 따라 FID(Flame ionization detector), TCD(Thermal conductivity detector), ECD(Electron capture detector), NPD(Nitrogen phosphorous detector), FPD(Flame photometric detector) 등이 사용되고 있다.

6) 고성능 액체크로마토그래피(HPLC)

화합물의 약 85%는 기화되지 않으며, 기체크로마토그래피에 의해 분리할 수 있을 만큼 열에 안정하지도 않기 때문에 액체크로마토그래피가 많이 사용된다. 액체크로마토그래피는 비교적 큰 직경의 관을 사용하였으며, 중력이나 낮은 압력에 의한 낮은 유속으로 분리시간은 오래 걸렸으며, 수집된 분액의 분석에도 많은 시간이 걸렸다.

그러나 최근에 축적된 크로마토그래피의 발달로 인하여 몇 분 이내에 분리 · 정량을 할 수 있는 고성능액체크로마토그래피의 방법과 장치가 개발되었다. 현재 HPLC는 유기물질을 취급하는 식품학, 영양학, 의학, 약학, 생화학, 농학 등의 분야에 널리 이용되고 있다. HPLC에 이용되는 칼럼의 종류는 분리원리에 따라서 흡착작용(adsorption), 분배작용(partition), 이온교환작용(ion exchange) 및 분자체작용(gel permeation)의 네 종류로 크게 나눌 수 있다. 또한 검출기도 분리성분의 종류나 실험 목적에 따라 구분하여 사용하여야 할 것이다. HPLC에 사용되는 검출기는 가장 널리 사용되며 거의 모든 유기화합물을 분석할 수 있는 자외선/가시광선검출기(UV/Visible detector)와 benzene고리에 $-OH$, $-OCH_3$, $-H_2$, $-NHCH_3$, $-N(CH_3)_2$, $-F$ 또는 $-CO$가 치환되어 있는 형광화합물에 선택적으로 감도가 높은 형광검출기(Fluorescence detector), 시료 성분의 굴절율의 차이에 의하여 검출하며 주로 당의 분석에 사용되는 굴절용검출기(Refractive index detector), 산화환원이 쉽게 일어나는 물질과 이온성 물질의 분석에 적합한 전기화학검출기(Electrochemal detector), 양이온과 음이온 화합물의 분석에 이용되는 전기전도도검출기(Electric conductivity detector)등이 있다.

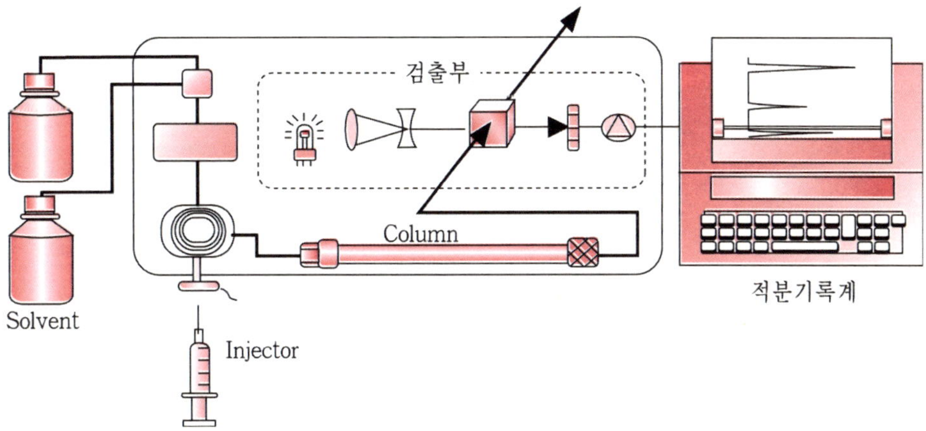

그림 1-4 High performance liquid chromatography(HPLC)의 주요 장치

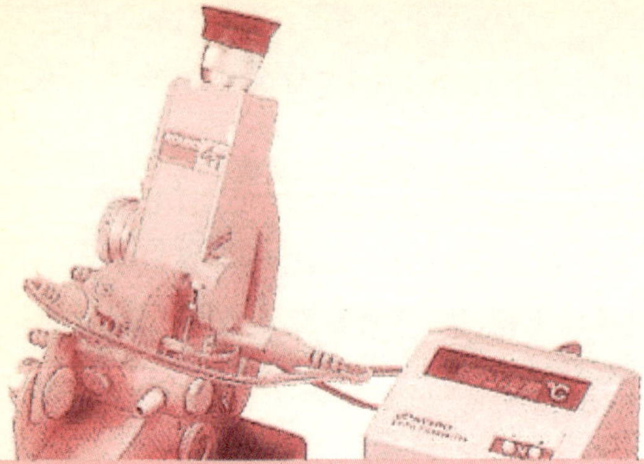

기초 식품분석학

기초 식품분석학 기초 식품분석학
기초 식품분석학 기초 식품분석학 기초 식품분석학
기초 식품분석학 기초 식품분석학 기초 식품분석학

제2부

식품일반성분의 분석

1장 시료의 채취, 조제 및 보존

1. 시료의 채취

식품분석을 위한 시료의 채취는 분석과정보다 더 정확성을 요하는 중요한 과정이다. 따라서 시료의 채취시 대상식품의 제조과정, 일련번호, 유통과정 및 식품의 특성 등에 따라 적절한 채취방법을 취함으로서 대상식품을 대표할 수 있는 표본을 취하도록 하여야 한다. 시료 채취 후 포장 및 운반 등의 취급방법도 검사결과에 영향을 미치는 경우가 많으므로 검사의 목적에 적절한 취급방법을 사전에 검토한 후 정확히 실시하여야 한다.

1) 과채류와 같이 상자에 담겨 있는 식품

상자에 담겨 있는 과채류를 시료로 채취하는 경우 먼저 전체를 대표하는 몇 개의 과채류를 골라내어야 한다. 만약 8개의 시료를 상자의 한쪽 모퉁이에서만 8개를 채취한다면 비합리적이다. 따라서 그림 2-1A와 같이 상자를 8등분하여 각각의 부위에서 한 개씩을 임의로 취하는 것이 좋을 것이다. 선택된 8개의 과채류도 전체를 마쇄하여 분석에 사용하면 좋겠지만, 그 양이 너무 많으므로 개개의 과채류에서도 일부분을 취하는 것이 바람직하다. 그 방법을 일정치는 않으나 그림 2-1B와 같이 상하가 엇갈리게 축분하여 채취된 8개의 과채류에서 각각 1/4씩 취하여 편차를 줄여야 할 것이다.

2) 모양이 길거나 평평한 식품

근채류나 생선 등은 그림 2-1C와 같이 두께에 관계없이 일정한 간격으로 평행하게 절단하여야 한다.

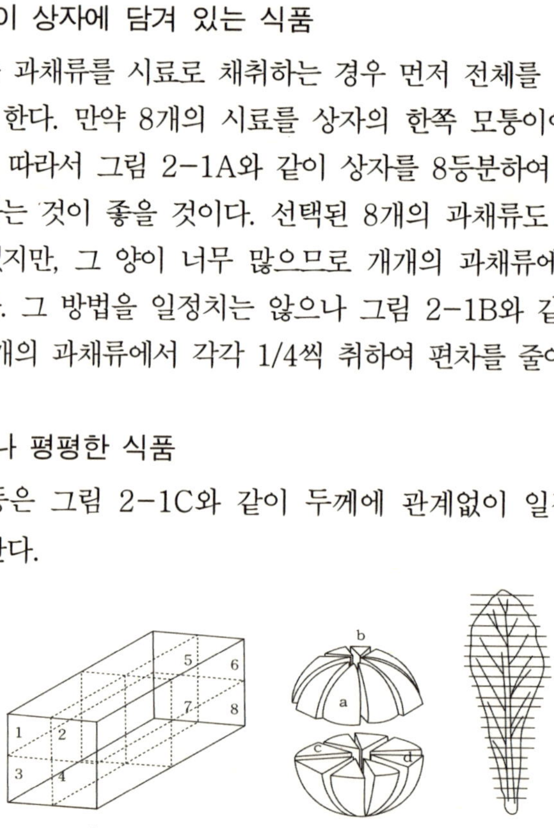

그림 2-1 시료의 채취법

3) 곡식과 같이 불균일한 작은 입자로 된 식품

불균일한 작은 입자의 혼합물로부터 일부분을 취할 때는 원뿔사분법 또는 교번 시약 스푼법이 적용된다. 원뿔사분법은 시료를 먼저 그림 2-2A와 같이 원뿔모양의 원추형으로 쌓은 다음 B처럼 상부를 평평하게 하고 이것을 C와 같이 a, b, c, d 의 네 부분으로 구분한다. 여기서 대각선상의 a, d 부분을 취하여 혼합하고, 다시 이와 같은 조작을 2~3회 반복하여 시료의 양을 축소시킨다.

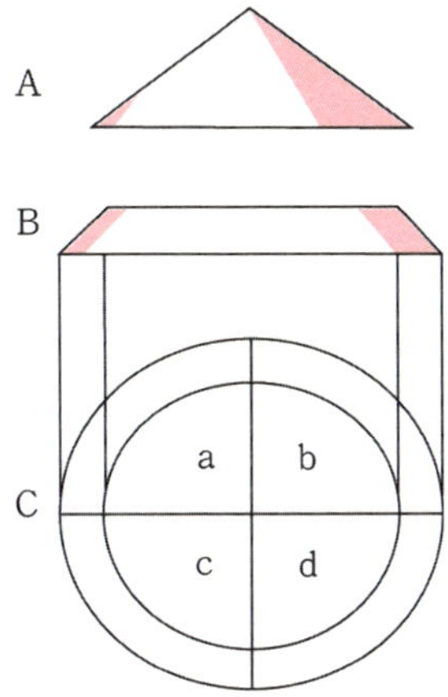

그림 2-2 원뿔사분법

4) 여러 종류가 혼합된 식품 또는 액상의 식품

혼합한 야채 등과 같이 여러 종류가 혼합 밀봉된 식품의 경우는 먼저 동일 종류의 것을 합하여 중량비율을 계산하고 같은 중량비율대로 정확히 칭량하여 각 종류로부터 취한다. 또한 간장 등과 같은 액상의 식품은 마개를 닫은 채로 상하로 잘 흔들어 혼합한 후 마개를 열고 A, B 양쪽으로부터 같은 양을 취한다(시료가 2개인 경우).

2. 시료의 조제

시료의 조제는 일반적으로 채취한 시료를 충분히 혼합하여 소량으로 하는 것이 좋다. 그리고 고체 시료일 경우에는 입상을 적게 할 것 등이 문제이다. 따라서 고체 시료는 먼저 분쇄나 마쇄를 하여야 한다.

1) 분쇄

분쇄에는 자제 약절구(유발)나 수동식 또는 동력식 분쇄기가 있으며, 동력식 분쇄기로는 ball mill, hammer mill 등이 사용되고, 경우에 따라서는 가정용 믹서도 사용된다. 분쇄된 입자는 840~500㎛ 정도로 하여야 한다. 이때 사용되는 체는 표준체로 하여야 하고, 체 위에 남은 것은 다시 분쇄하여 전부가 통과되도록 하여야 한다.

2) 체

시료 조제용 체는 황동제의 것이 보통 사용된다. 체 눈의 크기는 KSA5101(표준체)에서 규정하고 있다. 한편 Tyler(미국)의 mesh라는 단위도 사용되어 왔다.

표 2-1 표준체의 눈 크기와 메시(mesh)규격

표준체			Tyler체		표준체			Tyler체	
호칭지수 (μ)	호칭 번호	체눈의 크기 (㎜)	mesh	체눈의 크기 (㎜)	호칭지수 (μ)	호칭 번호	체눈의 크기 (㎜)	mesh	체눈의 크기 (㎜)
44	325	0.044	325	0.043	590	30	0.590	28	0.589
53	270	0.053	270	0.053	710	25	0.710	24	0.701
62	230	0.062	250	0.060	840	20	0.840	20	0.833
74	200	0.074	200	0.074	1,000	18	1.000	16	0.991
88	170	0.088	177	0.088	1,190	16	1.190	14	1.168
105	140	0.105	150	0.104	1,410	14	1.410	12	1.397
125	120	0.125	115	0.124	1,680	12	1.680	10	1.651
149	100	0.149	100	0.147	2,000	10	2.000	9	1.981
177	80	0.177	80	0.175	2,380	8	2.380	8	2.362
210	70	0.210	65	0.208	2,830	7	2.830	7	2.794
250	60	0.250	60	0.246	3,360	6	3.360	6	3.327
297	50	0.297	48	0.295	4,000	5	4.000	5	3.062
350	45	0.350	42	0.351	4,760	4	4.760	4	4.669
420	40	0.420	35	0.417	5,660	3.5	5.660	3.5	5.613
500	35	0.500	32	0.495					

3) 마쇄

수분이 많은 야채, 과실, 육류, 어류 등이나 각종 가공식품과 조리식품의 대부분은 마쇄하거나 잘게 빻아서 균질화 할 필요가 있다. 마쇄에는 유발, 자동식 약절구, homogenizer, mixer 등이 사용된다.

3. 시료의 보존

조제된 시료는 그대로 보존해도 좋으나 이때 적절한 처리를 못하면 보존 중에도 성분의 변화가 생긴다. 특히 수분의 함량이 많은 시료가 더 큰 영향을 받지만 대체로 수분의 증발 또는 흡수, 공기에 의한 산화, 효소에 의한 정량 및 미생물에 의한 침해 등의 요인에 따라 성분의 변화가 생긴다. 수분의 변화를 막기 위하여 조제된 시료를 밀폐된 용기 중에 보관하고 산화를 방지하기 위하여 용기내의 공기를 제거하고 질소 등의 불활성 기체를 넣어 두는 방법이 좋다. 그러나 이것은 완전한 효과를 거둘 수는 없다. 실제적으로는 공기와 접촉하는 표면적을 적게 한 상태로 밀폐하여 보존하는 정도이다. 가능한 한 저온에 보존하여 산화의 속도를 느리게 하는 것도 효과적인 방법이다. 그리고 효소와 미생물의 영향을 방지하기 위하여 냉장 또는 건조시키거나 방부제 등을 첨가하기도 한다. 냉장은 가장 일반적인 방법이지만 시료에 수분함량이 많으면 전기냉장고에 넣어 두는 것만으로는 조제 시료의 vitamin 분해와 단백질 또는 당분의 변화를 정지시키지 못한다. 식품자체가 가진 효소의 작용을 완전히 불 활성화시키기에는 −40℃정도의 온도가 이상적이며, 최소한 −15℃정도의 저온이 필요하다.

건조는 시료의 보존성에는 냉장의 경우보다 우수하나 시료의 성질, 상태, 그리고 건조 조건에 따라서는 크게 성분이 변하는 수도 있다. 건조는 가능한 한 저온에서 신속하게 하지 않으면 안 된다. 이와 같이 조제한 시료는 분석이 끝날 때까지 가능한 한 그대로 보존하여 두는 것도 중요하다.

2장 식품일반성분의 분석

1. 수분(moisture)의 정량

수분은 식품에서 물리화학적 품질의 유지 및 변화를 결정짓는 중요한 요소이다. 즉 식품의 안정성, 형상 및 질감 등의 물리적 성질, 갈변 및 산화에 의한 화학적 변질, 그리고 미생물에 의한 변질에도 영향을 미친다. 따라서 수분은 식품의 제조 공정 및 품질의 결정에 필수적 요소이며, 한편으로는 수분이외의 성분분석에 기초적 토대를 제공하기도 한다.

수분의 정량법에는 건조법, 증류법, 적정법 등의 여러 방법이 있는데, 일반적으로 널리 이용되는 방법은 건조법이지만 다른 방법에 의한 측정 결과와는 일치하지 않는 것이 보통이다. 모든 식품에 통용되는 방법은 없으므로 수분정량을 이용한 방법, 조건 등을 명시할 필요가 있고 다른 측정 방법으로 측정한 수분함량을 서로 비교하는 것은 무의미하다.

1) 상압가열건조법

식품을 105~110℃의 건조기에서 건조하여 감소된 중량을 수분으로 한다. 이렇게 구한 수분량에는 향기성분 등의 휘발성분도 함유되어 있으나 수분에 비하여 매우 미량이다. 따라서 얻어진 값은 절대적인 수분의 함량이 아니므로 water라 하지 않고 moisture라 한다. 이 시험법은 감압하지 않고 가열만으로 수분을 제거하는 방법이며, 식품의 종류 및 특성에 따라서 가열 온도를 다음과 같이 달리한다. 그림 2-3, 2-4, 2-5는 건조법에 사용되는 기구와 도구들이다.

◇ 동물성 식품, 단백질 함량이 많은 식품 : 98~100℃

◇ 자당과 당분이 많은 식품 : 100~103℃

◇ 식물성 식품 : 105℃ 전후(100~110℃)

◇ 곡류 : 110℃이상

시료 중의 수분은 다음 식에 의해 계산한다.

$$수분(\%) = \frac{수분중량}{시료의\ 무게} \times 100 = \frac{W_2 - W_3}{W_2 - W_1} \times 100$$

W_1 : 칭량병의 무게
W_2 : 건조전의 무게(칭량병 + 시료)
W_3 : 건조후의 무게(칭량병 + 시료)

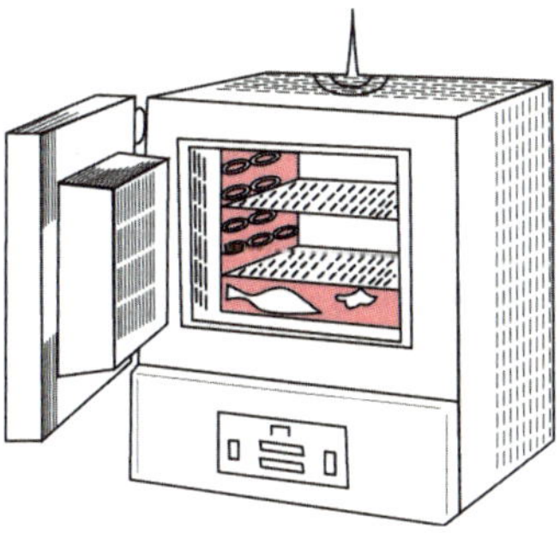

그림 2-3 Electric dry oven

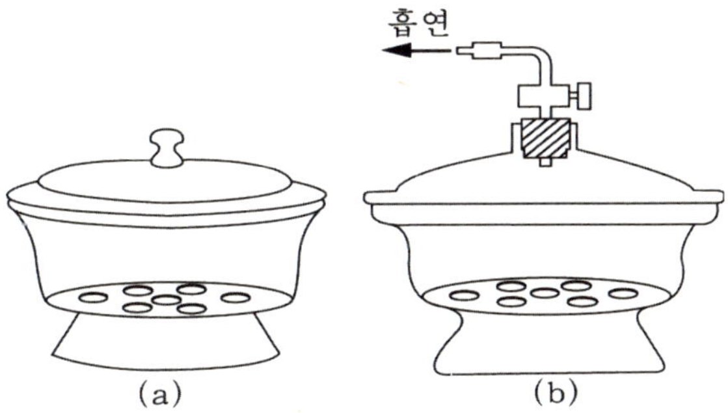

그림 2-4 desiccator(a) 및 Vacuum desiccator(b)

그림 2-5 칭량병

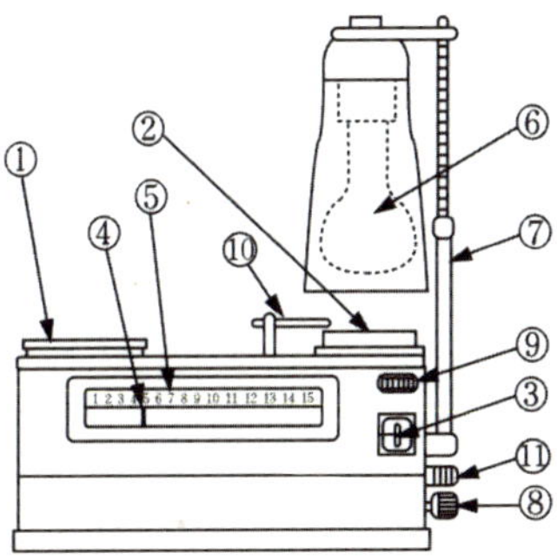

① 분동접시 ② 시료접시
③ 평형바늘 ④ 수분바늘
⑤ 수분눈금판 ⑥ 적외선 램프
⑦ 램프지주 ⑧ 수분바늘이동핸들
⑨ 평형다이얼 ⑩ 온도계
⑪ 온도조절핸드

그림 2-6 적외선 수분측정기

적외선 수분측정기는 시료를 천칭의 시료접시에 놓고 적외선램프를 조사하여 시료를 가열 건조한 후 중량의 감소를 측정한다. 단시간에 측정이 가능하므로 현장용의 측정방법으로는 간편하여 좋으나 천칭의 정밀도, 적외선조사 조건 등 오차의 요인이 많으므로 정밀한 측정에는 적당치 않다.

2) 감압가열건조법

그림2-7과 같이 vacuum dry oven을 이용하는 방법이다. 감압상태이므로 시료중의 수분을 휘발시키는 데 고온이 필요로 하지 않고 시료의 공기에 의한 산화나 열분해를 막을 수 있으므로 정확한 분석치를 얻기 위해서는 상압가열건조법에 비하여 매우 우수한 분석법이다. 조작법은 잘 건조된 칭량접시에 시료 약 2~5g을 넣고 일정온도로 조절된 감압건조기에 넣어 일정분압으로 감압하여 약 5시간 건조한다. 다음 세기병(황산)을 통하여 습기를 제거한 공기를 건조기 중에 조용히 넣어 기내가 상압으로 되었을 때 칭량접시를 꺼내어 desiccator에서 식힌 다음 무게를 단다. 이 과정을 반복하여 항량을 구한다.

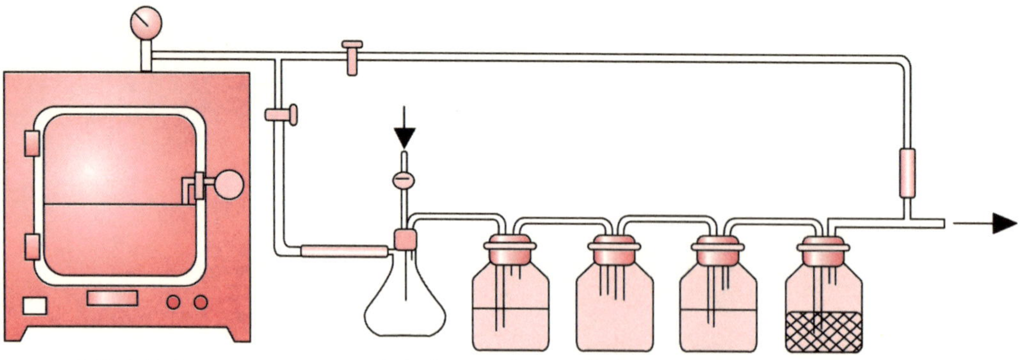

그림 2-7 Vacuum dry oven

3) 증류법

시료를 수분과 혼합되지 않는 유기용매 중에서 시료중의 수분 또는 수분과 용매의 혼합증기가 증류된다. 이것을 냉각시켜서 눈금이 있는 냉각관에 모아서 유출된 수분의 양으로 한다. 그림 2-8은 증류식 수분정량장치이며 용매로서는 toluene과 xylene를 많이 사용한다.

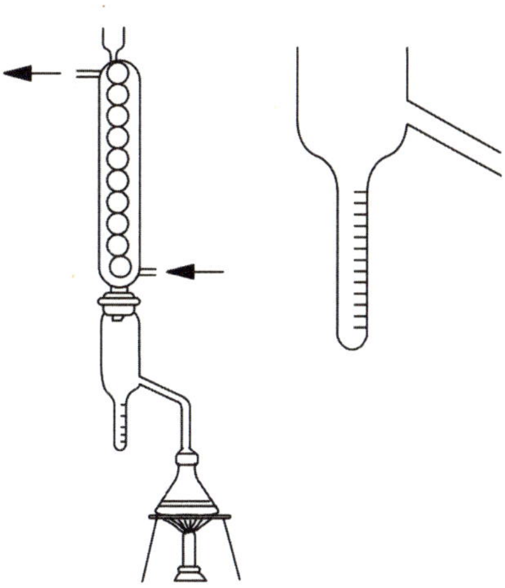

그림 2-8 증류식 수분정량장치

시료 중의 수분은 다음과 같이 계산한다.

$$수분의\ 량(\%) = \frac{V}{S} \times 100$$

V : 눈금이 있는 관에 든 물의 양(㎖)
S : 시료의 채취량(g)

4) Karl-Fisher법

Karl-Fisher법에 의한 수분정량은 pyridine 및 methanol의 존재 하에 물이 요오드 및 아황산가스와 정량적으로 반응하는 것을 이용하여 Karl-Fisher 시액으로 시료의 수분을 정량하는 방법이다.

$$H_2O + I_2 + SO_2 + 3C_5H_5N \rightarrow 2(C_5H_5N^+H)I^- + C_5H_5N{\cdot}SO_3$$
$$C_5H_5N{\cdot}SO_3 + CH_3OH \rightarrow (C_5H_5N^+H)O^-SO_2OCH_3$$

따라서 전체의 반응은 다음과 같이 된다.

$$H_2O + \underbrace{SO_2 + I_2{\cdot}(C_5H_5N)_3 + CH_3OH}_{\text{Iodine brown}} \rightarrow \underbrace{2(C_5H_5N^+H)I^-}_{\text{colorless}} + (C_5H_5N^+H)O^-SO_2OCH_3$$

2. 조회분(crude ash)의 정량

식품을 회화시키면 유기물이 이산화탄소와 물 등으로 산화되어 없어지게 된다. 여기서 남은 무기잔류물을 회분이라고 한다. 그러나 이 무기잔류물이 무기질의 총량과 반드시 일치한다고 할 수 없다. 왜냐하면 무기질인 염소 등 몇 가지 성분은 회화할 때 전부 또는 일부가 없어지며, 곡류, 두류, 야채류 및 해조류 등의 재는 유기물질인 탄소가 함유되어 있기 때문이다. 식품 중의 회분을 측정하는 것은 총 무기성분량의 결정에 도움을 주며, 특히 영양학적으로 중요한 미량 무기 원소량을 간접적이나마 추정할 수 있게 한다. 식품의 건물량 또는 생체량에 대한 %비율로 나타내며, 일반적 식품의 회분함량은 0~12%정도이다.

1) 도가니의 항량

깨끗한 도가니를 electric furnace 또는 gas burner에서 600℃이상으로 여러 시간 강하게 가열한 후 desiccator에 옮겨 실온으로 식힌 다음 곧 화학천칭으로 칭량한다. 다시 2시간 강하게 가열하여 건조 칭량하고 이 조작을 항량이 될 때까지 반복한다.

2) 시료의 전처리

시료를 도가니에 정밀하게 달아 넣고 필요하면 화화에 앞서 다음과 같이 전처리를 한다.

① 전처리가 필요하지 않은 시료 : 곡류, 두류, 기타 B항 이하에 포함되지 않은 것.

② 미리 건조하여야 하는 시료 : 수분함량이 많은 동물성 식품은 dry oven에서 될 수 있는 대로 건조시킨다. 액상식품, 액상음료는 수욕 상에서 증발 건고시킨다.

③ 예비 탄화시켜야 할 시료 : 회화할 때 팽창하는 시료로서 당류 및 당 함량이 많은 식품, 정제전분, 계란의 흰자위 및 일부의 어육이 속한다. 이들 시료는 burner의 약한 불로 주의하면서 탄화하든가 또는 열판 상에서 적외선램프를 조사하면서 300℃ 이하에서 탄화한다.

④ 연소시켜야 할 시료 : 유지류는 가급적 수분을 제거하고 이것을 과열 또는 점화하여 불꽃이 약해질 때까지 연소시키고 적당한 뚜껑을 덮어 불을 끈다.

3) 회화

전처리가 끝나면 용기를 그대로 회화로에 옮겨 550~600℃에서 백색~회백색의 회분을 얻어질 때까지 여러 시간 가열한다. 회화가 끝난 후 그대로 식혀 약 20℃로 되었을 때 desiccator에 옮겨 식힌 후 칭량한다. 만일 회화에 있어서 대량의 탄소가 남아 회백색의 회분을 얻을 수 없는 시료일 경우에는 얻은 흑회색의 회분을 식힌 다음 약 15㎖의 물을 가하여 탄 덩어리를 유리봉으로 부수어 수욕 상에서 잘 가온하여 가용분을 침출하여 정량여과지로 작은 beaker에 여과하고 잔류물은 다시 물로 씻고 씻은 액은 beaker에 넣는다. 여과지상의 잔류물은 여과지와 같이 먼저의 도가니에 옮겨 건조후 550~600℃에서 회화시킨다. Beaker의 액은 수욕 상에서 농축하여 잔류물을 회화한 먼저의 도가니에 옮기고 소량의 물로 beaker를 씻고 씻은 액도 도가니에 넣는다. 다시 도가니를 수욕 상에서 증발건고하고 550~600℃에서 2시간 강열하면 탄소가 함유되지 아니한 회분을 얻는다.

그림 2-9 Electric furnace

회화한 다음 desiccator에 옮겨 식히고 실온으로 되면 곧 칭량하여 시료의 회분량(%)을 다음 식에 따라 산출한다.

$$회분(\%) = \frac{W1 - W0}{S} \times 100$$

W0 : 항량이 된 도가니의 무게(g)
W1 : 회화 후의 도가니와 회분의 무게(g)
S : 시료의 채취량(g)

3. 조단백질(crude protein)의 정량

식품 중의 단백질은 대략 탄소(52%), 수소(7%), 산소(23%), 질소(16%), 유황(2%)으로 구성되어 있으며 일부 단백질에는 인과 그 밖에 미량 금속을 함유하고 있다. 이 중에서 질소는 지방이나 탄수화물에는 함유되어 있지 않은 단백질 특유의 구성원소이며, 단백질의 종류가 달라도 그 함유량은 거의 일정하므로 식품중의 단백질을 정량할 경우 질소량을 정량하고 그 수치에 6.25(100/16)를 곱해서 단백질 량을 구한다. 최근에 질소단백질 환산계수는 단순히 6.25로 정해져 있지 않고, 표2-2에 나타난 바와 같이 각 식품의 주요한 단백질의 질소함량을 기초로 해서 또 식품 중의 질소 함량에 각각의 질소계수를 곱하여 산출한 값을 조단백질(crude protein)이라고 한다. 질소를 포함하고 있다고 하여 반드시 단백질이라고 할 수는 없다. Amide 화합물, amine형, ammonium화합물, amine류, purine 염기류 및 creatine류 등은 질소 화합물이지만 단백질은 아니므로 이들을 비단백태 질소라 한다.

질소의 화학적 정량법은 Dumas법과 Kjeldahl법을 들 수 있다. Dumas법은 시료 내 질소화합물을 전부 질소가스로 변화시키고 표준조건하의 체적으로부터 질소량을 구하는 원소분석법으로서 매우 정확한 결과를 얻을 수 있으나 고도의 기술을 요하며 잔손이 많이 가고 미량성분을 정량하는데 적당한 방법이기 때문에 일반적인 식품분석에서는 잘 이용되지 않는다. Kjeldahl법은 1883년 Kjeldahl에 의해 제안되었는데 그 후 많이 개량되어 오늘날 가장 신뢰할 수 있는 정량법으로 이용되고 있다.

표 2-2 조단백질 산출 질소계수

식 품 명	질소계수	식 품 명	질소계수
소맥분 (중등질, 경질, 연질, 수득률 100~94%)	5.83	낙화생	5.46
소맥분 (중등질, 수득율 93~83% 또는 그 이하)	5.70	콩 및 콩제품	5.71
쌀	5.95	밤, 호도, 깨	5.30
보리, 호밀, 귀리	5.83	호박, 수박 및 해바라기의 씨	5.40
메밀	6.31	유, 유제품, 마아가린	6.38
국수, 마카로니, 스파게티	5.70	위 이외의 모든 식품	6.25

1) Kjeldahl 질소정량법

식품에 진한 황산 및 산화제를 가하여 가열분해하고 생성된 황산암모늄에 과잉의 알칼리를 가해 암모니아를 발생시켜, 이것을 가열 증류해서 일정량의 산 표준액에 흡수시킨다. 산은 암모니아 량에 따라서 중화되므로 과잉의 산을 알칼리 표준용액으로 역적정하여 전 질소량을 구하는 방법이다. Kjeldahl법은 실제 다음의 4단계 반응으로 진행된다.

(분해반응) N(시료중의 질소) + $H_2SO_4 \rightarrow (NH_4)_2SO_4 + SO_2\uparrow + CO_2\uparrow + CO\uparrow + H_2O\uparrow$
(증류반응) $(NH_4)_2SO_4 + 2NaOH \rightarrow 2NH_3 + Na_2SO_4 + 2H_2O$
(중화반응) $2NH_3 + H_2SO_4 \rightarrow (NH_4)_2SO_4$
(적정반응) $H_2SO_4 + 2NaOH \rightarrow Na_2SO_4 + 2H_2O$

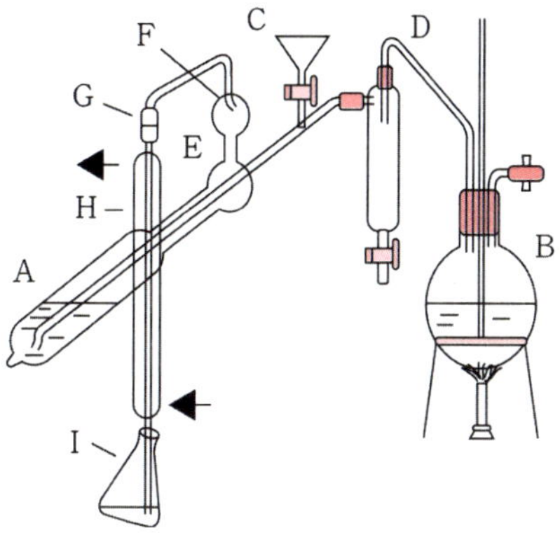

그림 2-10 세미마이크로킬달장치

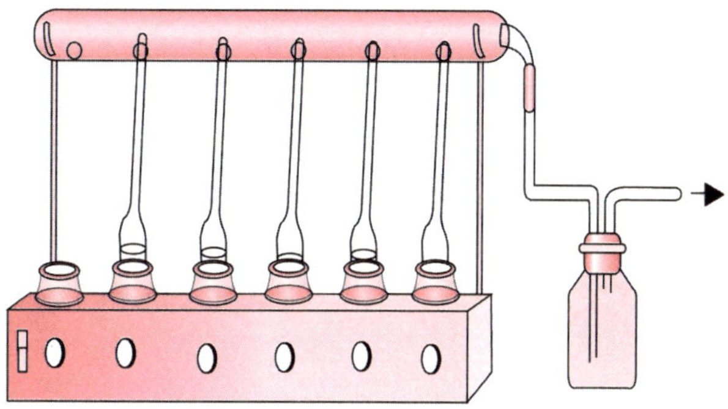

그림 2-11 킬달분해장치

4. 조지방(crude fat)의 정량

지질(Lipid)이란 동식물과 식품 등의 유기물중 물에 불용성이나 유기용매에는 영해되는 성분들로 정의된다. 지질을 구성하는 화합물들의 종류는 triglyceride, phospholipid, glycolipid, pigment, hydrocarbon, sterol 및 지용성 vitamin 등이다. 동식물체 및 식품에서 추출한 지질이 상온에서 고체인 경우 지방(fat), 액체인 경우 유지(oil)로 구분하기도 하며, 지방은 영양학적 용어로, 유지는 공업적

용어로 사용되기도 한다. 조지방(crude fat)은 식품을 ether추출 후 용매로 사용된 ether를 휘산하여 남은 물질을 말하며, 이의 함량은 시료 량에 대한 백분율로 표시하므로 아래 시험법들의 함량 계산식은 공통적으로 다음과 같다.

$$\text{조지방}(\%) = \frac{W_1 - W_0}{S} \times 100$$

W_0 : Flask의 무게(g)
W_1 : 조지방 추출 후 flask와 지방의 무게(g)
S : 시료의 무게(g)

1) Soxhlet 추출법

식품 중에 함유된 지질의 함량은 일반적으로 soxhlet법에 의하여 ether로 추출하여 정량한다. 그러나 ether, petroleum ether, hexane 등의 유기용매에 용해되는 물질에는 중성지방 외에 free fatty acid, lecithin, cholesterol, 지용성 색소, wax, lipoid, alkaloid 등도 추출되므로 정확하게 지질함량만을 측정할 수는 없다. 따라서 ether로 추출한 지질을 조지방(crude fat) 또는 ether extracts라고 한다.

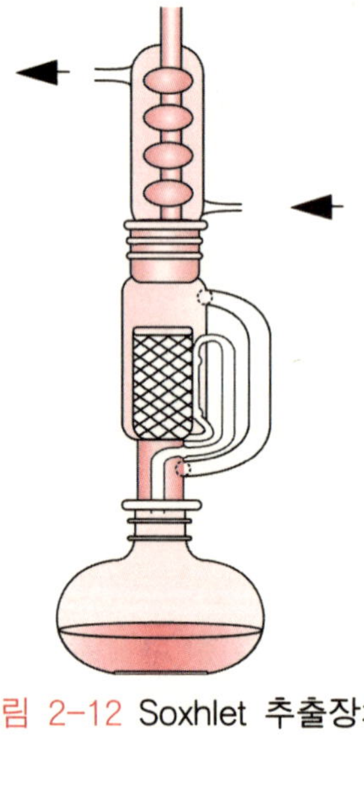

그림 2-12 Soxhlet 추출장치

5. 조섬유(crude fiber)의 정량

섬유질은 hemicellulose, lignin, pentosan, pectin, cellulose 등과 같이 식물의 뼈대를 이루고 있는 성분으로 유기용매 및 묽은 산, 알칼리에는 녹지 않는다. 이와 같은 성질을 이용하여 적절한 산 과 알칼리를 처리하여 단백질, 지방, 전분 등을 제거하고 남은 물질을 조섬유(crude fiber)라 하여 정량한다.

6. 가용성 무질소물(Nitrogen free extracts)의 정량

가용성 무질소물(Nitrogen free extracts)의 양은 보통 직접 정량하는 것이 아니라 시료의 총 중량에서 수분, 조회분, 조단백질, 조지방 및 조섬유의 양을 뺀 것을 말한다.

즉, 가용성 무질소물(%)=100-(수분+조회분+조단백질+조지방+조섬유)

가용성 무질소물은 조섬유 정량에 이용한 산, 알칼리에 용해되는 물질 중에서 조단백질, 조지방 및 조회분을 제외한 물질이다. 즉 전분, 당류, 덱스트린 등과 소량의 고무질, 펙틴질, 점질물, 산류, 색소 등이다. 특별한 경우를 제외하고는 보통 식품 중의 가용성 무질소물은 전분, 덱스트린, 당류이다. 따라서 식품분석표에서는 이 가용성 무질소물의 양을 당질의 양으로 한다. 당질에 대해서 정밀한 분석을 요하는 경우에는 이들의 물질을 각각 정량하여야 한다.

(예제) 콩가루의 일반성분을 분석한 결과, 수분이 7.8%, 조단백질 21.9%, 조지방 19.2%, 조섬유 4.5%, 회분 4.7% 이었다. 이 콩가루의 가용성 무질소물의 량은 얼마나 되는가?

가용성무질소물(당질)% = 100-(7.8+21.9+19.2+4.5+4.7)=41.9%

7. 탄수화물(Carbohydrate)의 정량

탄수화물이란 명칭은 실험식 【$C_m(H_2O)_n$, 탄소의 수화물】로부터 유래되었다. 탄수화물은 단당류(monosaccharides), 올리고당류(oligosaccharides) 및 다당류(polysaccharides)등으로 분류되며, 단당류는 5개나 6개의 탄소원자를 가지고 있어 pentose 또는 hexose라하며, 또한 단당류의 구조상 분자 내에 aldehyde기(-CHO) 또는 ketone기(-CO-)가 hydroxyl기(-OH)와 인접해 있으면 각각 aldose 또는 ketose라 한다. 이 두 명칭을 결합시켜서 aldohexose 또는 keto hexose 등으로 그 당류의 형태를 나타내고 있다.

Glucose, fructose, maltose, lactose 등과 같이 Fehling 용액에서 환원성을 갖는 당류를 환원당(reducing sugar)이라 하며, sucrose, starch 등과 같이 환원되지 않는 당류를 비환원당(nonreducing sugar)이라 부른다. 비환원당의 정량은 정량에 앞서 가수분해(hydrolysis)에 의하여 환원기를 표면에 노출시켜 정량한다.

탄수화물로서 새롭게 인식되고 있는 섬유질은 cellulose, hemicellulose, lignin, pectin질 등으로 구성되어 있으며, 이들의 다당류는 용해성, 분자량 그리고 여러가지 다른 단위성분 조성 등의 특성에 따라 다양하게 분류된다. 섬유질은 인체 내에서 칼로리 원으로 이용할 수 없는 탄수화물이므로 이들을 특히 crude fiber라 한다. 그러나 정장효과 등 인체에 유익한 작용을 하므로 식품의 일반성분으로 취급하고 있다.

8. 식품의 에너지 분석

1 calorie(cal)는 물 1mℓ의 온도를 1℃ 높이는데 소비되는 열량을 말한다. 영양학적으로는 1,000배 단위의 Kcal를 칼로리(Cal)로 부르고 있다. 식품의 칼로리(calorie, 열량)는 Bomb calorimeter를 이용해서 직접 측정하여 각 열량소의 소화흡수율을 고려한 유효열량으로 나타내는 방법도 있으나 보통은 식품의 성분분석 결과로부터 칼로리 환산계수를 이용하여 계산한다. 즉 식품의 칼로리는 그 식품중의 단백질, 지방질, 탄수화물(당질+섬유)의 량에 표 2-3과 같은 FAO가 제창한 각각의 칼로리 환산계수를 곱한 것을 모두 합한 것으로 나타내는 것이 일반적이다.

그러나 FAO방식이 이론상 합리적이지만 실제로는 혼합식품이나 가공품의 일부에 대해서 또는 1일 섭취칼로리 산출에 있어서 같이 적용하기 곤란한 경우가 많다. 이 경우 종래의 방식에 따라 Atwater 계수인 단백질 4.0Kcal/g, 지방질 9.0Kcal/g, 당질(가용성 무질소물) 4.0Kcal/g을 사용하여 계산하며, 이 외의 alcohol은 6.93Kcal/g이 주어지고 있다.

표 2-3 FAO의 식품군별 열량 환산계수(Kcal/g)

식품군 \ 구분	FAO의 열량환산계수(Kcal/g)			식품의 종류
	조단백질	조지방	탄수화물	
곡류	3.41	5.39	4.07	현미
	3.73	6.88	4.12	5분도미
	3.82	7.53	4.16	7분도미
	3.91	8.09	4.16	정백미
	3.46	8.37	4.12	오트밀·탄보리
	3.55	8.37	3.95	보리(정맥)
	3.59	8.37	3.78	밀가루(도정율 97~100%)
	4.05	8.37	4.12	밀가루(도정율 70~74%)
	1.82	8.37	2.35	밀기울
	3.55	8.37	3.95	메밀가루
	2.73	8.37	4.03	옥수수가루(전립)
	3.46	8.37	4.16	옥수수가루(배아를 제거한 것)
	0.91	8.37	4.03	수수(전립)
	3.05	8.37	3.86	호밀(전립분)
	3.23	8.37	3.09	호밀(중간수율)
	3.41	8.37	4.07	호밀
	3.87	8.37	4.12	기타 정백곡류
감자 및 전분류	2.78	8.37	4.03	감자·전분질괴근
설탕 및 감미료	3.11	–	3.87	사탕무우 설탕·사탕수수 설탕
	3.36	–	3.87	(벌꿀)
	–	–	3.68	포도당
과자류	–	–	3.87	(사탕무우 설탕·사탕수수 설탕)
	3.87	8.37	4.12	기타 정백곡류
유지류	4.27	8.79	3.87	버터
	(4.27)	9.02	–	기타 동물성 지방
	4.27	8.84	3.87	마아가린(식물성)
	–	8.84	–	기타 식물성 유지
종실류·두류	3.47	8.37	4.07	콩류, 종실류(성숙, 건조)
	3.47	8.37	4.07	콩(건조, 가루)
어개류 · 수조육류 ·정육류	4.27	9.02	a)	육, 어류
	–	–	4.11	글리코오겐
	3.90	9.02	–	젤라틴
난류	4.36	9.02	3.68	달걀
유류	4.27	8.79	3.87	유, 유제품

(다음 페이지에 계속)

(앞 페이지에서 계속)

채소류	2.78	8.37	3.84	지하부이용 야채[b](감자, 전분질괴근 제외)
	2.44	8.37	3.57	기타 채소류
	3.47	8.38	4.07	미성숙 콩류
	3.36	8.37	3.60	기타 과실
	2.73	8.37	4.03	(옥수수)
과실류	3.36	8.37	2.70	레몬
	3.36	8.37	3.60	기타 과실
기호 음료류	섭취한 ethanol 1g당 6.93			에탄올
조미료류·기타	1.83	8.37	1.33	초콜릿, 코코아
	–	–	2.40	식초
	3.00	8.37	3.35	효모

a) 뇌, 심장, 신장, 간장(조미료를 가한 가공품 포함)의 탄수화물에 대한 계수는 3.87, 혀, 조개류(근육)의 탄수화물에 대한 계수는 4.11.

b) 사탕무우, 당근, 양파, 무 등.

(예제) 식품분석표상 백미 및 우유의 분석치가 아래 표와 같을 때 그의 칼로리를 FAO 방식과 Atwater 방식으로 계산하여 서로 비교 하여라.

표 2-4 백미와 우유의 성분분석표

식품	수분	회분	단백질	지방질	탄수화물	
					당질	섬유
백미	14.5	0.6	6.4	0.8	77.4	0.3
우유	88.6	0.7	3.0	3.2	4.5	–

표 2-5 (FAO방식에 의한 칼로리 계산)

식품	단백질	지방질	탄수화물	칼로리
백미	6.4×3.91=25.0	0.8×8.09=6.5	77.7×4.16=323.2	354.7
우유	3.0×4.27=12.8	3.2×8.79=28.1	4.5×3.87=17.4	58.3

표 2-6 (Atwater방식에 의한 칼로리 계산)

식품	단백질	지방질	탄수화물	칼로리
백미	6.4×4.0=25.6	0.8×9.0=7.2	77.7×4.0=310.8	343.6
우유	3.0×4.0=12.0	3.2×9.0=28.8	4.5×4.0=18.0	58.8

기초 식품분석학

제 3 부

식품구성성분의 분리 및 분석

1장 단백질의 분리 및 분석

1. 단백질의 정량분석

1) 분광학적 분석

(1) 개요

용액상태의 단백질은 분광광도계로서 간단하게 정량할 수 있다. UV영역에서 단백질의 흡광도는 단백질 분자중의 tyrosine과 tryptophan의 흡광도에 의존한다. 따라서 280nm에서의 흡광도는 단백질의 종류에 따라 다르다. 이 분석법의 장점은 간단하게 시료를 회수할 수 있는 것이고, 단점은 다른 흡광물질에 의한 방해와 단백질 고유의 흡광치를 결정해야 한다는 것이다. 그리고 280nm에서의 핵산의 흡광도는 단백질의 10배 정도이므로 미량의 핵산에 의해 흡광도가 영향을 받을 수 있다.

(2) 시료조제

단백질을 용액상태로 만들어야 한다. 즉 수용성 단백질인 경우에는 낮은 이온 강도의 완충액으로 용해시키고, 염용성의 단백질인 경우 높은 이온강도의 염 용액으로 용해시킨다.

(3) 시약 및 기구

완충용액(20mM sodiumphosphate, Tris-HCl buffer), 0.2㎛ membrane filter. Nonionic detergent, Cuvette(Quartz cell), UV/VIS spectrophotometer

(4) 방법

① 증류수를 바탕 값으로 하여 280nm에서 흡광도를 측정한다.
② 단백질의 용액을 완충용액으로 적당히 희석시킨다.
③ 희석된 단백질의 용액을 cuvette에 넣어 280nm에서 흡광도를 측정한다.
④ 시료용액의 흡광도에 바탕 값의 흡광도를 뺀다.

(5) 결과 및 고찰

일반적으로 단백질의 종류에 따라 흡광도의 차이가 있다. 예를 들면 1㎎/㎖ 농도의 bovine serum albumin은 280nm에서의 흡광도는 0.66이다. 그리고 정제된 단백질의 실제적인 흡광도는 아미노산 조성에 의해 계산될 수 있다. 단백질의 흡광도는 다음과 같은 식에 의해 계산된다.

$$A280(1㎎/㎖)=(5690N_{trp} + 1280N_{tyr} + 120N_{cys})M$$

위 식에서 Ntrp, Ntyr, Ncys는 단백질 분자내 Trp, Tyr, Cys 잔기의 수이며, 5690, 1280, 120은 Trp, Tyr, Cys의 몰 흡광계수이다.

2) Lowry법

(1) 개요

Lowry법은 그 감도가 비교적 넓게 적용되기 때문에 오랫동안 광범위하게 이용되고 있다. 이 방법은 알칼리성에서 단백질의 peptide 결합과 구리가 반응하여 Cu^+ ion을 생성하는 Biuret반응의 원리를 이용한 것이다. 발색의 정확한 기작은 밝혀지지 않았지만 Cu^+ ion은 방향족 아미노산의 산화를 유도하여 phosphomolybdotungstate를 푸른색의 heteropolymolybdenum으로 환원시킨다. 이러한 반응 결과 강한 푸른색을 생성하며 그 강도는 tryptophan 과 tyrosine의 양에 영향을 받는다. 이 방법은 단백질의 농도가 0.01~1.0 ㎎/㎖의 경우에 측정이 가능하다.

(2) 시료조제

앞의 분광분석법과 동일하며, 감도가 더욱 뛰어나므로 더욱 희석할 필요가 있다.

(3) 시약 및 기구

① Lowry 시약 : 시약 A:B:C=100:1:1로 매일 새로 혼합하여 사용한다.

- 시약 A : 2%(w/v) Na_2CO_3 in distilled water
- 시약 B : 1%(w/v) $CuSO_4{\cdot}5H_2O$ in distilled water
- 시약 C : 2%(w/v) sodium potassium tartarate in distilled water

② 2N NaOH

③ Folin reagent(보통 시판되는 시약을 2~3배로 희석하여 사용)

④ 표준단백질 : BSA

(4) 방법

① 1.0㎖의 시료 또는 표준용액에 0.1㎖의 2N NaOH를 가하고 100℃에서 10분간 가열하여 가수분해시킨다.

② 가수분해물을 방냉시킨 후 1.0㎖의 Lowry 시약을 가하고 혼합시킨 후 10분간 방치시킨다.

③ 0.1㎖의 Folin 시약을 가하고 혼합 후 30~60분간 방치시킨다.

④ 660nm에서 흡광도를 측정한다.

(5) 변법

성질이 비슷한 시료 또는 단백질 정제 시 반복되는 단백질의 정량을 보다 간단하게 수행하기 위하여 간단한 방법이 필요하며, 표준방법과의 측정오차를 고려하면 된다.

① 0.1㎖의 시료용액에 1.0㎖의 2%(w/v) Na_2CO_3 용액을 가한다.

② 0.1㎖의 Folin 시약을 가하고 혼합 후 15~30분간 방치시킨다.

③ 660nm에서 흡광도를 측정한다.

(6) 결과 및 고찰

계산은 표준용액을 이용한 검량곡선 또는 회귀방정식에 대입하여 시료의 단백질량을 계산한다.

(7) 주의사항

① 표준방법과 편법과의 결과는 큰 차이는 없으나, 시료의 종류에 따라 차이가 있을 수 있으므로 두 방법을 비교하여 측정오차를 결정한 후 실험에 임해야만 한다.

② 시료가 침전된 상태일 경우 시료를 2N NaOH로 완전히 용해, 분해시킨 후 사용해야 한다.

③ 위 반응은 pH에 민감하므로 알칼리로 조정해야 한다.

④ 복합시료 또는 세포의 단백질을 측정하기 위해서는 적절한 전처리가 필요하다.

⑤ 이 방법은 여러 가지 화학약제 또는 계면활성제에 의해 영향을 받을 수 있기 때문에 단백질용액에 포함된 시약의 조성을 고려할 필요가 있다.

3) Bradford법

(1) 개요

Lowry법에 비하여 조작이 간편하며 감도가 높은 방법이다. 또한 반응에 있어서 비단백질에 의한 영향을 덜 받는다. 이 방법은 Coomassie blue G250과 단백질과의 결합에 의한다. Coomassie blue G250은 4종의 다른 ion형태를 지니며 산성용액에서는 산성과 적색과 녹색형태가 우세하게 존재하여 각각 470과 650nm에서 최대흡광도를 가진다. 그러나 단백질과 결합하는 염기성에서는 푸른색의 ion형태를 지니며 590nm에서 최대흡광도를 지닌다. 따라서 단백질의 양은 푸른색 ion형의 양을 측정함으로서 결정되며 통상 595nm에서 측정한다. 푸른색의 ion형은 단백질의 arginine이나 lysine 잔기에 결합하여 발색하며, 단백질 중의 arginine이나 lysine의 함량에 따라 다소 차이가 있다. 통상 2가지 분석방법이 이용되며, 표준측성법은 10~100㎍의 단백질의 정량에 미량측정법은 1~10㎍의 단백질 정량에 이용된다.

(2) 시료조제

앞의 분광분석법과 동일하며, 감도가 더욱 뛰어나므로 더욱 희석할 필요가 있다.

(3) 시약 및 기구

100㎎의 Coomassie blue G250을 50㎖의 95% methanol에 용해시킨 후 100㎖의 85% 인산과 혼합하여 1L로 정용하여 염색약을 조제한다. 염색용액을 여과지(Whatman No.1)로 여과한 후 갈색병에 넣어 상온에 보관하면서 사용하며 약 한 달 간 사용할 수 있다. 또는 Bio-Rad, Pierce, Amresco사로부터 구입하여 쓰는 것이 편리하다.

(4) 방법

Ⓐ 표준측정방법

① 10~100㎍의 단백질 용액 100㎕을 시험관에 취한다. 단백질의 농도를 모를 경우 원액, 10, 100 또는 1000배 희석액을 취한다.

② 검량곡선을 얻기 위하여 10, 20, 40, 60, 80 및 100㎕의 단백질 용액(1㎎/㎖ BSA 또는 γ-globulin)을 시험관에 각각 취하고 증류수를 가하여 100㎕이 되게 한다. 공시험으로 시료 대신에 증류수를 100㎕을 취한다.

③ 증류수 4㎖을 시험관에 넣고 염색시약 1㎖을 가한다. 거품이 생기지 않게

흔들어 섞는다.

④ 염색시약을 넣고 5~30분 사이에 595nm에서 흡광도를 측정하여 표준검량곡선과 비교하여 단백질 량을 계산한다.

Ⓑ 미량측정방법

표준법보다 감도가 높고 사용되는 단백질의 량이 적기 때문에 시료를 아끼기 위하여 많이 이용된다.

① 1~10㎍의 단백질을 1회용 cuvet에 취하고 증류수를 가하여 100㎕이 되게 한다. 단백질의 농도를 모를 경우 원액, 10, 100 또는 1000배 희석액을 취한다.

② 검량곡선을 얻기 위하여 10, 20, 40, 60, 80 및 100㎕의 단백질 용액(1 ㎎/㎖ BSA 또는 γ-globulin)을 시험관에 각각 취하고 증류수를 가하여 100㎕이 되게 한다. 공시험으로 시료 대신에 증류수를 100㎕을 취한다.

③ 증류수 700㎕을 시험관에 넣고 염색시약 200㎕을 가한다. 거품이 생기지 않게 흔들어 섞는다.

④ 염색시약을 넣고 5~30분 사이에 595nm에서 흡광도를 측정하여 표준검량곡선과 비교하여 단백질 량을 계산한다.

(5) 결과 및 고찰

농도를 알고 있는 표준물질의 단백질 량을 사용하여 얻은 검량곡선에 따라 미지시료의 단백질 량을 계산한다.

(6) 주의사항

Bradford법은 화학약제에 의한 방해효과가 적어 광범위하게 사용되는 단백질 정량법이다. 그러나 소수성 단백질 추출 시 사용되는 계면활성제에 의해 다소 영향을 받기 때문에 주의를 요한다. 이러한 문제가 결과에 영향을 미칠 경우 겔 여과 또는 투석에 의해 방해물질을 제거하든지 또는 표준단백질을 이용한 검량곡선 작성 시 동일한 농도의 계면활성제를 첨가하여 흡광도를 측정함으로서 방해물질에 의한 오차를 줄일 수 있다.

2. 단백질의 분리

1) 개요

단백질은 수 백 ~ 수 천 개의 아미노산으로 구성된 거대분자로서 각각의 단백질은 각기 다른 물리적 화학적 성질을 지니고 있다. 따라서 모든 단백질을 정제하는데 공통적으로 사용되는 한 가지 방법은 없다. 목적단백질 외에 혼합되어 존재하는 단백질의 물리적 화학적 차이를 이용하여 불순단백질을 제거하기 때문에 한 단백질의 정제방법은 시행착오를 통해서 얻어지게 된다. 그리고 단백질은 생체 외에서 불안정하기 때문에 실험중의 온도를 변성이 잘 일어나지 않는 4~6℃로 유지하는 것이 필요하다. 뿐만 아니라 시료 중에 단백질의 분해효소가 존재할 경우 단백질 분해효소의 활성을 억제하기 위하여 단백질 분해효소 저해제를 첨가하여 목적단백질의 분해를 억제해야 한다. 단백질 분해효소 저해제를 사용할 경우 한 종류의 저해제를 사용하는 것보다는 여러 종류의 저해제를 혼합하여 사용함으로서 목적단백질의 분해를 막을 수 있다. 세포로부터 한 종의 단백질을 분리하기 위하여 염과 유기용매에 대한 단백질의 용해성, 이온교환수지와의 흡착성, 분자량 등의 성질을 파악함으로서 단백질의 분리가 용이하다. 목적단백질을 분리하기 위하여 먼저 문헌검색을 통하여 유사한 단백질 또는 다른 종으로부터 동일단백질의 정제방법 등을 찾아 분리방법에 대한 전략을 세우는 것이 우선이다.

2) 시료의 조제

분리하려는 단백질의 종류에 따라 다르나, 대체로 생세포 또는 신선한 세포를 완충용액 하에서 마쇄하여 원심분리 후 사용한다.

3) 시약 및 기구

(1) 단백질 분리에 사용되는 시약류

① 완충용액 : Tris, potassium phosphate, sodium phosphate

② 시약류 : HCl, NaOH, phosphoric acid, polyethyleneimine(PEI), TrixonX-100, β-mercaptoethanol, NaCl, KCl, EDTA, ammonium sulfate, protease inhibitor, glycerol, dithiothreitol, bovine serum albumin

(2) 단백질 분리에 사용되는 기구 및 기기

① pH meter : 완충용액의 조제

② UV/VIS spectrometer : 효소활성 및 단백질 농도측정

③ 냉동원심분리기(refrigerated centrifuge) : 10,000 × g 이상
④ 칼럼과 수지(column and resin) : 실험의 특성과 목적에 적절히 선택
⑤ 농도구배기(gradient maker)
⑥ 기타 : 자석교반기, 투석막, 초자기구류

4) 방법

단백질을 분리하기 위하여 이용되는 한 가지 방법은 없다. 그러나 단백질 분리의 첫 단계는 과도한 혼재 단백질을 제거하고 용액의 부피를 줄이기 위한 방법이 선행된다. 대표적인 방법으로서 염석과 유기용매에 의한 침석법이다. 이러한 전처리 과정을 거친 후 목적 단백질을 분리하기 위하여 여러 가지 이온교환수지 또는 소수성 상호작용수지를 이용한 binding test가 실험에 소요되는 노력과 시간을 절약한다. 그리고 binding test 결과에 따라 선택된 결과에 따라 수지를 이용하여 일련의 실험을 행함으로서 목적을 성취할 수 있다.

5) Chromatography를 위한 binding test

사용할 수지(약 5mℓ)를 50mℓ의 완충액(20~50mM)으로 수회 씻은 후, 5mℓ의 완충용액에 현탁시킨다. 현탁된 수지를 1.5mℓ effendorf tube에 200㎕씩 수지를 넣고 방치하여 침전시킨 후 과량의 완충액을 제거한다. 각 effendorf tube에 500㎕씩의 단백질 시료를 넣고 0.1~1.0M의 NaCl을 함유하는 염완충용액을 농도별로 각각의 effendorf tube에 400㎕씩을 가하고 5~10회 정도 튜브를 뒤집어 섞이게 한다. 10~15분간 방치 후 다시 뒤집는 조작을 2회 정도 반복한 후 단시간(5초 정도) 원심분리하여 수지를 침전시킨다. 상등액을 취하여 단백질의 농도와 목적 단백질의 농도를 측정하여 수지와 단백질이 결합하는 염농도와 해리하는 염농도를 결정한다.

선택된 수지의 개방형 칼럼을 이용하여 목적 단백질을 분리한다. 이후의 방법은 다른 종류의 수지에 의한 binding test, 겔여과, 전기영동, chromato focusing 등을 이용하여 보다 순수하게 정제한다.

6) 이온교환크로마토그래피

종래에는 이온교환크로마토그래피는 cellulose를 매체로 한 수지가 많이 이용되었다. Cellulose 수지는 가격이 싼 반면에 단백질의 흡착능이 떨어지고 column chromatography시 유속이 느려 대체로 꺼리는 경향이다. 특히 시료의 단백질 농

도가 높을 경우 유속이 극히 느리다. 따라서 유속이 빠른 sephadex, sepharose 및 agarose 계통의 수지들이 단백질의 분리에 많이 이용된다. 대장균의 균체단백질을 예로 들면 약산성내지 약알칼리 영역에서 양이온 교환수지에 비해 음이온 교환수지의 흡착능이 우수하기 때문에 목적 단백질이 음이온교환수지에 결합하지 않고 양이온교환수지에 결합하면 의외로 쉽게 단백질을 분리할 수 있다. 이러한 조건을 찾기 위하여 여러 영역의 pH와 농도별 염농도 조건하에서 binding test를 행함으로서 분리조작을 단순화시킬 수 있다.

7) 겔 크로마토그래피

겔 크로마토그래피(gel filtration, gel permeation chromatography, size exclusion chromatography)는 단백질의 분자량에 의해 분리하는 방법이다. GPC를 행하기 위하여 목석단백질의 대략적인 분자량을 파악해야 그에 적당한 수지를 선택할 수 있다. 단백질을 GPC로서 분리할 경우, 분획 범위가 다른 2~3종의 수지류를 갖추고 실험에 임하는 것이 원칙이다. 수지류를 선택하기 위해서는 실험 경험이 있는 선임자나 catalog를 참고해도 충분하다. GPC에 의한 단백질의 분리는 수지의 종류, 칼럼의 길이, 온도, 유속, 시료의 농도 및 시료의 량에 좌우된다. 대체로 온도는 단백질의 변성이 낮은 4~6℃가 적당하며, 칼럼은 길수록, 유속은 느릴수록 단백질의 분리능은 우수하나, 실험의 편리상 이러한 조건들은 실험자가 결정해야 한다. 대체로 GPC를 위한 시료는 칼럼 상에서 전체 수지높이에 비해 시료량의 높이가 2% 이하가 적당하다.

3. 단백질의 전기영동

단백질 분자가 전하를 띠게 되면 전기장에서 양극 또는 음극으로 이동하게 된다. 이러한 성질을 이용하여 단백질의 분리 수단으로 이용하는 실험법을 전기영동(electrophoresis)라고 한다. 이 때 단백질의 이동속도는 분자의 전하량, 크기와 모양, 용액의 pH, 지지체의 종류 및 농도 등에 의하여 영향을 받는다. 따라서 실험의 목적에 따라 전기영동방법을 선택해야 하고, 목적 단백질의 예상 분자량에 따라 겔(gel)의 농도를 결정해야 한다. 대체로 단백질의 전기영동에 사용되는 겔은 polyacrylamide gel을 사용한다. Polyacrylamide gel은 acrylamide와

N,N'- methylene-bis-acrylamide가 격자모양으로 중합되어 만들어진다. 중합은 free radical mechanism에 의하여 이루어지며, ammonium persulfate 또는 riboflavin phosphate의 첨가함으로서 시작된다. Ammonium persulfate는 물에 용해되어 persulfate free radical을 형성하며, riboflavin phosphate는 445nm의 가시광선 혹은 자외선에 의해 광분해되어 free radical(HO·)을 형성하여 중합의 개시제로 작용한다. 또한 중합반응의 촉매로 TEMED가 주로 사용된다. 공극의 크기는 acrylamide와 bis-acrylamide의 농도 및 성분비에 의하여 조절되며, 전체 acrylamide 농도와 bis-acrylamide의 농도에 따른 평균 공극의 크기는 표 3-1에 표시하였다. 전체 acrylamide와 bis-acrylamide를 합한 농도로 %T로, crosslinker인 bis-acrylamide가 전체 acrylamid에서 차지하는 비율은 %C로 표시하였다.

표 3-1 Acrylamide와 bis acrylamide 농도에 따른 gel의 공극의 평균크기

Total acrylamide (%T)	Average pore size(Å)(%C)			
	1	5	15	25
6.5	24	19	28	-
8.0	23	16	24	36
10.0	19	14	20	30
12.0	17	9	-	-
15.0	14	7	-	-

1) 비변성(non-dissociating) electrophoresis

단백질의 원래 구조와 성질을 지닌 채 분리하는 방법을 비변성 전기영동이라고 하며, 효소 등의 활성을 유지시켜야 할 경우 이 방법을 사용한다. 전기영동 후 필요한 경우 gel상의 단백질을 잘라 단백질을 추출함으로서 분리가 가능하다. 또한 이 방법으로 gradient gel을 사용하면 자연상태의 단백질(natural protein)의 분자량 측정이 가능하다.

(1) 시료조제

단백질 용액 30㎕에 대하여 10㎕의 5×TBE buffer와 10㎕의 40% glycerol을 가하여 혼합한다.

(2) 시약 및 기구

Electrophoresis kit, acrylamide, bis-acrylamide, 5×TBE buffer(pH 8.4, 0.45M Tris, 0.4M boric acid, 0.01M disodium EDTA), 10% ammonium persulfate(-20℃에서 수개월간 안정), TEMED, 염색시약(0.1% Coomassie brilliant blue R-250, 10% acetic acid, 40% methanol), 탈색시약(10% acetic acid, 10% isopropyl alcohol)

(3) 실험방법(Gel preparation & Electrophoresis)

① 29.2g의 acrylamide와 0.8g의 bis에 5×TBE buffer(pH8.4) 20㎖를 넣고 물로100㎖까지 채워 30% gel 용액을 만든 다음, 이 용액 10㎖를 1×TBE buffer(pH8.4) 65㎖로 희석하여 4% gel 용액이 되도록 한다.

② 다음 각 용액의 기포를 제거하고, gel 판에 맞게 일정량씩 같은 부피로 취한 다음, 10% ammonium persulfate(40㎕/10㎖)와 TEMED(5㎕/10㎖)를 섞고 4~30% gradient gel을 만든 후 중합시킨다.(gel의 높이는 comb 끝에서 1cm 이내로 한다)

③ TEMED(10㎕/10㎖)와 20% ammonium persulfate(30㎕/10㎖)를 넣은 4% stacking gel을 주입한 후 comb을 꽂고 중합시킨다.

④ Gel 준비가 끝나면 gel의 well들을 reservoir buffer로 헹구고 sample을 well에 주입하고 장치를 조합한 후 전기영동 시킨다.(냉각장치가 있으면 500V의 일정 전압으로, 냉각장치가 없으면 150V에서 전기영동 시킨다)

(4) 결과 및 고찰

단백질의 분자량은 비변성 표준 단백질과의 이동거리에 의하여 계산한다.

2) SDS-PAGE(Laemmli system)

Sodium dodecylsulfate polyacrylamide gel electrophoresis(SDS-PAGE)는 protein이나 peptide의 분자량의 측정 및 분리에 많이 이용되는 방법이다. SDS는 음극전하를 띤 세제로서 단백질과 결합하여 강한 음(-) 전하를 띤 SDS-protein 복합체를 형성한다. SDS는 보통 protein g당 1.4g 결합하며 복합체의 모양도 일정하여 전기영동시 단백질 본래의 전하를 제거시켜 주기 때문에 분자량에 의해서만 분리가 가능하다. 따라서 SDS-PAGE는 분자량 측정에 주로 이용되며, 일반적으로 protein 내의 disulfide bond를 끊어주는 2-mercaptoethanol 이나 dithiothreitol 등과 같은 환원제와 함께 사용하여 protein의 소단위(subunit) 분자량 측정에 이용된다. 분자량의 측정 시에는 이미 알고 있는 표준 protein을 사용하며, SDS-PAGE 완충용액은 continuous system과 discontinuous system이 있으며, 그 차이점은 이동 완충액의 조성이 다르다. 즉 continuous system은 gel과 완충액을 동일한 pH의 인산완충액을 사용하나, discontinuous system은 완충액과 gel의 pH가 다르다. 현재 가장 많이 사용되고 있는 system은 두 방법을 혼합하여 개량한 Laemmli 방법으로서 staking gel, separating gel 완충용액과 reservoir 완충용액이 모두 다르며, 2.7%C의 bis-acrylamide를 사용한다. 이 방법에 의해서 protein이 stacking gel에서 농축되고separating gel(resolving gel)에서 분리된다.

(1) 시료조제

SDS-PAGE용 시료는 단백질 용액 30㎕에 시료조제용 용액[0.0625M Tris·HCl(pH6.8), 10% glycerol, 2% SDS, 0.01% BPB, 5% β-mercaptoethanol in Distilled water] 10㎕을 가하여 100℃에서 1~2분간 가열시킨다.

(2) 시약 및 기구

Electrophoresis kit, acrylamide, bis-acrylamide, 5×TBE buffer(pH 8.4, 0.45M Tris, 0.4M boric acid, 0.01M disodium EDTA), 10% ammonium persulfate(-20℃에서 수개월간 안정), TEMED, 염색시약(0.1% Coomassie brilliant blue R-250, 10% acetic acid, 40% methanol), 탈색시약(10% acetic acid, 10% isopropyl alcohol, 10% SDS), Reservoir buffer(0.025M Tris, 0.192M glycine, 0.1% SDS, pH8.3)

(3) 실험방법

① 전기영동 gel caster를 조립한다.

② Separating gel mixture를 섞어서 gel caster에 위에서 3cm 가량을 남겨 두고 붓는다. 그 위에 distilled water를 채운 상태로 gel을 굳힌다. (약 30분 소요)

표 3-2 Separating gel mixture 조제 (단위 : ml)

Stock solutions	Gel concentrations(%)			
	7.5	10	12.5	15
Distilled water	35.2	29.7	24.2	18.7
30% acrylamide	16.5	22.0	27.3	33.0
2M Tris-HCl, pH8.8	12.3	12.3	12.3	12.3
50% glycerol	0.924	0.924	0.924	0.924
10% SDS	0.643	0.643	0.643	0.643
10% Ammonium persulfate	0.227	0.227	0.227	0.227
TEMED	0.02	0.02	0.02	0.02
Total	66	66	66	66

③ 물을 따라 내어 filter로 닦은 후 stacking gel mixture를 붓고 comb을 꽂은 후 gel을 굳힌다. (약 30분 소요)

표 3-3 Stacking gel mixture 조제 (단위 : ml)

Stock solutions	Volume(ml)	
	20	10
Distilled water	14.5	7.25
30% acrylamide	2.7	1.35
2M Tris-HCl, pH8.8	2.5	1.25
10% SDS	0.2	0.1
10% Ammonium persulfate	0.16	0.08
TEMED	0.012	0.06

④ Comb을 제거하고 단백질 시료를 loading 한 후 전기영동 세트를 조립한다.

⑤ Constant voltage로 할 경우에는 50~100V로 시작하여 서서히 증가시키고, constant current로 할 경우에는 50mA로 조정한다. (4시간 정도 소요)

⑥ 전기영동 후 gel을 분리하여 염색약에 넣어 15~30분간 염색시킨다.

⑦ Gel을 탈색용액에 넣어 shaker 상에서 탈색시킨다.

(4) 결과 및 고찰

단백질의 분자량은 표준단백질과의 이동거리를 비교하여 추정한다.

3) Silver staining

Silver staining은 Coomassie brilliant blue보다 20~200배 민감하며 0.1ng까지 감지가 가능하다. 단백질이 은과 결합하는 정확한 기작은 밝혀져 있지 않지만, 은 양이온이 단백질의 amino group, 특히 lysine의 ε-amino group과 복합체를 형성하며 cystein, methionine의 -SH기와 결합에 의하여 염색되나, Gersten 등은 특정 아미노산이 아니라 단백질 구조의 일부와 결합하여 염색된다고 주장하였다. Silver staining은 gel에 은 이온이 스며들 때 은 이온의 화학적인 상태에 따라 두 가지 방법으로 분류된다. 첫째 방법은 alkaline method라하며 sodium-ammonium hydroxide 혼합액에 silver nitrate를 가하여 조제한 ammoniacal silver 또는 diamine 용액을 사용하는 방법이다. Biuret 반응과 마찬가지로 Diamine 방법은 copper를 첨가함으로서 감도를 향상시킬 수 있다. Gel 내에서 silver ion은 단백질과 복합체로 형성된 후 산성용액(보통 citric acid)의 formaldehyde에 의해 금속의 은으로 환원되어 발색된다. 두 번째 방법은 약 산성(pH 6.0)의 silver nitrate용액을 gel에 스며들게 하는 방법이다. 그 후에 은 이온을 sodium carbonate나 NaOH의 alkali성 formaldehyde로 금속은을 선택적으로 환원시키는 방법이다. 유리상태의 silver nitrate는 발색 전에 gel로부터 씻겨 나가야 한다. 왜냐하면 silver oxide 침전은 높은 background를 형성하기 때문이다.

4. 순 단백질의 정량

조단백질은 식품중의 전 질소 함량에 질소-단백질 환산계수(nitrogen factor)를 곱하여 환산한다. 그러나 식품 중 질소화합물이 모두 단백질은 아니고 비단백태 질소화합물도 함께 존재한다. 차나 커피 등은 비단백태 질소화합물이 많은 대표적인 식품이다. 이들 식품에서 단백질만을 정량적으로 분리한다는 것은 쉬운 일이 아니다. 따라서 일반적으로 단백질 이외의 질소화합물을 추출, 제거하는 편의적인 방법이 이용되고 있으나, 이를 완전히 제거하는 것은 그리 간단치가 않다. 각각의 시료에 대해서 어느 정도 예비지식을 가지고 각 시료에 맞는 적절한 추출, 제거방법을 적용해야 할 것이다. 추출, 제거 방법에 따라 단백질이 용출되거나 또는 비단백태 질소화합물이 불완전하게 제거되는 경우도 있다. 따라서 일반식품에 대하여 현재 편의적인 순 단백질의 정량은 엄격하게 말해서 큰 의미를 가지고 있다고는 볼 수 없다. 실제 특정 식품에 대해 정확한 순 단백질의 함량을 구하기 위해서는 그 식품에 맞는 적절한 방법을 찾아야 할 것이다.

1) 일반적인 방법

비단백태 질소화합물을 물로 가온 추출하고 동시에 추출되는 수용성 단백질은 동염(銅鹽)으로 회수하는 방법이다. 이어서 kjeldahl 분해법에 의해 전 질소를 정량하고 질소-단백질 환산계수를 곱하여 순 단백질로 나타내는 방법이다.

(1) 시약 및 기구

황산동 수용액(특급 $CuSO_4 \cdot 5H_2O$ 60g을 순수 1L에 용해), 수산화나트륨 용액(특급 NaOH 12.5g을 순수 1L에 용해), 10% 명반수용액(질소를 함유하지 않는 특급 $Al \cdot K \cdot (SO_4)_2 \cdot 12H_2O$ 10g을 90㎖ 순수에 용해)

(2) 실험방법

① 일반적인 방법

잘 마쇄한 시료 1~2g을 정평하여 beaker에 옮긴 다음, 순수 100㎖을 가하고 끓을 때까지 잘 저어 주면서 가열한다. 이어서 황산동 용액 25㎖과 수산화나트륨 용액 25㎖을 순차적으로 가해 잘 교반하여 수산화동을 생성시킴과 동시에 단백질을 침전시켜 회수한다. 교반 후 정치해 두면 단백질이 침전되는데 상등액을 여과하여 버리고 생성된 침전물을 5회 이상 수세·여과를 반복한다. 동이온 혹은 황산이온의 반응이 거의 끝난 후 침전물을 전부 같은 여과지로 옮긴다. 여과지에 모인 침전물을 순수로 여러 차례 수세한다. 여과가 잘되지 않으면 처음부터 원심분리하는 것이 좋다. 침전물과 여과지를 풍건 또는 80℃정도에서 거의 건조시킨 다음 여과지와 침전물을 함께 kjeldahl 분해법으로 전 질소량을 측정하여 질소-단백질 환산계수를 곱하여 순 단백질의 함량을 구한다.

② 인산알칼리 함유시료

곡류, 종실류 및 쌀겨 등은 일반적으로 피틴(phytin)태로서 다량으로 함유하며, 무기인산으로서 소량의 인을 함유하고 있다. 여기에 칼륨, 마그네슘 등이 결합하고 있는데, ①의 방법과 마찬가지로 이들 시료에 황산동과 수산화나트륨을 가하면 동이온과 치환결합해서 동을 소비하게 되고, 첨가한 수산화나트륨의 농도가 높아져 용액이 알칼리성으로 되어 단백질을 용해시킬 염려가 있다. 이 경우는 시약을 가하기 전에 10% 명반 용액 1~2㎖을 가해 인산알루미늄의 형으로 만들어 미리 그 영향을 없애 두는 것이 좋다. 그 이후는 ①의 방법과 같다.

③ 인지질을 다량 함유하는 경우

인지질은 인과 함께 질소를 함유하는 화합물이고, 이 인지질을 비교적 많이 함유하는 식품으로 난황, 대두, 땅콩, 간장 및 곡류 등을 들 수가 있다. 인지질은 CM혼액(chloroform−methanol = 2:1)으로 추출하여 제거할 수 있다. 건물량 기준으로 시료 1~2g을 삼각flask에 정평하여 넣고 CM혼액 50㎖을 가해 냉각관을 부착하여 가온하여 약 30분간 환류시킨다. 여과지를 깐 glass filter로 여과하여 CM혼액을 버리고 다시 CM혼액 30㎖을 가하여 가온 환류한다. CM혼액과 함께 전 시료를 glass filter로 옮기고 소량의 CM혼액으로 씻어 낸다. Glass filter에 있는 시료와 여과지를 함께 건조한 다음 ①의 방법으로 전 질소를 측정하여 질소−단백질 환산계수를 곱하여 순 단백질의 함량을 구한다.

④ 물에 난용성의 알칼로이드를 함유하는 경우

시료에 99% alcohol 100㎖과 acetic acid 1㎖을 가하고 water bath상에서 끓을 때까지 가열한다. 이어서 alcohol을 경사법으로 분별하고 다시 한번 alcohol로 세정한 다음 남은 alcohol을 적절히 휘발시키고 ①의 방법으로 전 질소를 측정하여 질소−단백질 환산계수를 곱하여 순 단백질의 함량을 구한다.

(3) 결과 및 고찰

최종 계산방법은 Kjeldahl법에 의한 전 질소측정법과 같다.

(4) 주의사항

① 시료를 다량 채취하면 전분질 식품일 경우 여과가 어렵고 비단백태 질소화합물의 추출이 불완전한 경우가 있다.
② 전분질 식품은 가열 후 호화되어 여과가 어려운데 이 경우는 55~60℃에서 10분간 가열한다.

2) 삼염화아세트산(Trichloroacetic acid)에 의한 침전법

유리아미노산, 아미드류, 탄닌류 등 비단백태 질소화합물을 다량 함유하는 시료일 경우에는 단백질 침전제로서 삼염화아세트산(trichloroacetic acid)이 적합하다.

수산화동을 이용하여 단백질을 침전시키는 방법은 유리아미노산, 아미드류, 탄닌류 등 비단백태 질소화합물도 함께 침전되는 경우가 있다.

(2) 시약 및 기구

12% Trichloroacetic acid(냉암소 보관), 2.5% Trichloroacetic acid(냉암소 보관)

(3) 실험방법

시료 1~2g을 beaker에 정평하여 넣고 순수 75㎖을 가하여 끓인다. 그대로 방치하여 식힌 후 12% Trichloroacetic acid 수용액 25㎖을 가해 잘 교반한다. 침전물이 생기면 경사법으로 상등액을 버리고 2.5% Trichloroacetic acid 수용액으로 수회 반복해서 씻어 낸다. 그 이후는 ①의 방법으로 전 질소를 측정하여 질소-단백질 환산계수를 곱하여 순 단백질의 함량을 구한다.

(4) 결과 및 고찰

최종 계산방법은 Kjeldahl법에 의한 전 질소측정법과 같다.

5. 비단백태 질소화합물의 정량

식품 중 함유되어 있는 비단백태 질소화합물은 전 질소에서 단백태 질소의 량을 감한 것이다. 비단백태 질소는 유리아미노산(free amino acids), 펩타이드(peptides), 아미드(amide), 유기염기(organic base), 암모니아(ammonia), 아민(amine) 등에서 유래되고, 어떤 화합물은 식품의 맛, 갈변, 변패 등과 관계가 있다.

1) 비단백태 질소 정량법

비단백태 질소는 전 질소량과 순 단백질소량의 차로서 나타낸다.

2) 암모니아태 질소 정량법

【Folin method】

(1) 개요

시료가 고체일 경우는 그대로 혹은 일정량을 취해 적당량의 순수로 침출액을 만들고 액체의 경우는 그대로 검액으로 한다.

(2) 시약 및 기구

0.1N H_2SO_4용액, 0.1N NaOH 용액, 포화 탄산칼슘용액, 소포제(소포 silicon or amylalcohol), Methyl red – Methylene blue 혼합지시약(methyl red 0.2g과 methylene blue 0.1g을 ethanol 100㎖에 용해), 암모니아태 질소정량장치(그림 3-1), 흡인펌프(시간당 600L을 흡인할 수 있는 펌프)

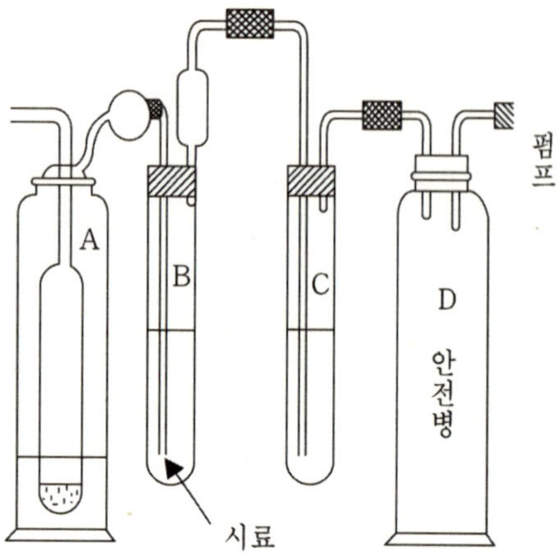

그림 3-1 Folin법 암모니아태 질소정량장치

(3) 실험방법

검액 일정량을 취해 B관에 주입하고 소포제 한 방울을 떨어뜨린다. C관에 황산용액 20㎖을 넣고 액층이 약 5cm가 되도록 물을 가하고 지시약 2~3방울을 떨어뜨린다. 이어서 B관의 뚜껑을 열고 관벽을 따라 서서히 포화 탄산칼슘 10㎖을 가해 알칼리성으로 한 다음 바로 뚜껑을 닫고 약 2분간 약하게 흡인하고(4.5L/min), 그 후 흡인을 강하게 해서(10L/min) 암모니아의 흡수가 끝날 때까지 행한다.(통상 20~25℃에서 1.5~2.5시간 소요된다). C관을 떼어 내어 순수로 세정하고 수산화나트륨 용액으로 적정한다.

(4) 결과 및 고찰

$$\text{암모니아태 질소(\%)} = 0.0014 \times (t_2 - t_1) \times F \times (100/S)$$

t_1 : 적정치
t_2 : 황산용액 20㎖에 대한 수산화나트륨 용액의 적정치
F : 수산화나트륨용액의 역가
S : 시료의 채취량(g)

【감압증류법】

(1) 시약 및 기구

0.1N H_2SO_4용액, 0.1N NaOH 용액, 10% 수산화칼슘 용액, 소포제(amylalcohol), Methyl red-Methylene blue 혼합지시약(methyl red 0.2g과 methylene blue 0.1g을 ethanol 100㎖에 용해), 암모니아태 질소 감압증류장치(그림 3-2에서 A는 1L, B는 200㎖용), 흡인펌프(시간당 600L을 흡인할 수 있는 펌프)

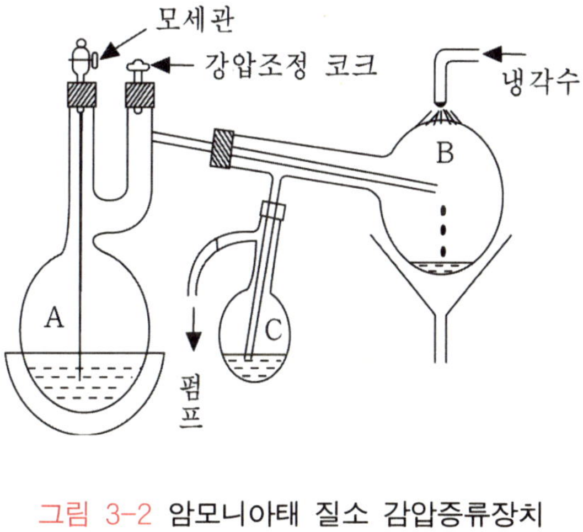

그림 3-2 암모니아태 질소 감압증류장치

(2) 실험방법

검액 일정량을 A에 넣고 순수를 가해 전량을 250㎖로 하고 기포를 방지하기 위해 alcohol 100㎖을 가한다. 미리 황산용액을 B에 30~50㎖, C에 20㎖을 2~3방울의 지시약과 함께 넣고 장치를 고정한 다음 C에 수산화칼슘 용액 100㎖를 가하

고 바로 40℃에서 감압(30mmHg 이하)하에 30분간 증류한다. 증류가 끝난 후 B 및 C의 내용물을 합하여 수산화나트륨용액으로 적정한다.

(3) 결과 및 고찰

Folin법과 동일하다.

3) 아미드(amide)태 질소 정량법

(1) 개요

식품의 amide태 질소는 주로 asparagine 및 glutamine에서 유래되며, 산 혹은 알칼리와 함께 끓이면 carboxyl기에 있는 amino기는 ammonia로 되는데 이를 amide태 질소로 측정한다. 검액은 시료용액에서 단백질 및 peptide 등을 제거한 것으로 하고, 검액의 ammonia태 질소량과 동일 검액을 산처리 한 것의 ammonia태 질소량과의 차이를 amide태 질소량으로 한다.

(2) 시료조제

고체시료의 경우는 그 일정량에 순수를 가해 1시간 침지하고 감압 여과한다. 다시 1회 더 침출시키고 잔류물에 10배량의 순수를 다시 가해 끓이고 여과한다. 여액을 전부 모아 끓이고 단백질을 응고시킨다(albumin이 응고된다). 이것을 다시 여과 세정하고 여액은 감압농축하여 소량으로 한 다음 10% 황산용액을 가해 약 5%의 황산용액이 되게 한다. 여기에 인텅스텐산 용액을 가해 침전물(단백질, 펩타이드, 염기성아미노산 및 일부 암모니아의 침전물)이 생기면 여과하고 5% 황산용액으로 세정한 다음 세정액과 함께 여액을 일정량으로 정용하여 검액으로 한다. 액체시료의 경우에는 일정량을 취해 끓여 생성된 침전물을 여과하고 여액을 고체시료의 경우와 같은 방법으로 처리하여 검액으로 사용한다.

(3) 시약 및 기구

5% 및 10% H_2SO_4 용액, 인텅스텐산(phosphotungstic acid)용액(Na_2HPO_4 120g과 sodium tungstate 200g을 물 1000㎖에 용해하고 여기에 묽은황산(1:3) 100㎖을 가한다.) 진한 H_2SO_4 또는 HCl, 기타의 시약은 ammonia태 질소정량의 경우와 동일하다.

(4) 실험방법

검액 일정량을 취해 ammonia태 질소를 측정한다. 다음에 같은 검액 일정량을 취해 그 100㎖에 대해 진한 염산 7~8㎖ 혹은 진한 황산 2~2.5㎖을 가해 1.5~2 시간 끓이고 냉각한 후 앞의 방법과 같이 ammonia태 질소를 측정한다.

(5) 결과 및 고찰

산 가수분해로 얻어진 ammonia태 질소량과 산 처리하지 않은 검액의 ammonia 태 질소량의 차이를 amide태 질소량으로 한다.

(6) 주의사항

인텅스텐산으로 처리한 검액은 ammonia 일부가 소실되기 때문에 이 정량치는 amidc태 질소를 측정하기 위한 값이고, 정확한 ammonia대 실소 값은 아니니다.

4) 아미노(Amino)태 질소 정량법

Amino태 질소정량법으로 amino acids의 amino기를 직접 정량하는 방법, carboxyl 기를 측정해서 간접적으로 정량하는 방법 및 아미노산의 정색반응을 이용하는 방법 등이 있다. 여기서는 amino기를 정량하는 Van Slyke법과 carboxyl기를 정량하는 Formol법에 대해 설명하고자 한다.

【Van Slyke 법】

(1) 개요

Amino acids의 amino기의 질소는 일반적으로 아질산과 작용하여 질소가스를 발생하므로 이를 측정하는 방법이다. 이때 질소가스의 부피로부터 표준상태(0℃, 1atm)로 환산하여 질소의 량을 산출하는 것이 좋으나 실제로는 Van Slyke표로부터 질소량(㎎)을 계산한다.

(2) 시료조제

시료가 고형인 경우에는 이의 일정량에 10배량의 증류수를 가하여 1시간동안 냉침한 후 감압여과하고 다시 1회 침출을 반복해 잔류물에 10배가량의 물을 가하여 끓인 후 여과하고 여액 전부를 모아 끓인다(이때 albumin 단백질이 응고한다). 이를 여과하고 씻은 후 여액을 감압 농축하여 소량으로 한 다음 10% 황산용액을 가해 약 5%의 황산용액이 되게 한다. 여기에 인텅스텐산(phosphotungstic acid)용액을 가해 침전물(단백질, 펩타이드, 염기성아미노산 및 일부 암모니아의 침전물)이 생기면 여과하고 5% 황산용액으로 세정한 다음 세정액과 함께 여액을 일정량으로 정용하여 검액으로 한다. 액체시료의 경우에는 일정량을 취해 끓여 생성된 침전물을 여과하고 여액을 고체시료의 경우와 같은 방법으로 처리하여 검액으로 사용한다.

(3) 시약 및 기구

Van Slyke장치(그림 3-3), 인텅스텐산(phosphotungstic acid)용액(Na_2HPO_4 120g과 sodium tungstate 200g을 물 1000㎖에 용해하고 여기에 묽은황산(1:3) 100㎖을 가한다.) 빙초산, 아질산소다용액($NaNO_2$ 30g을 물 100㎖에 녹인다), Carpryl alcohol, Grease, 알칼리성 $KMnO_4$ 용액($KMnO_4$ 50g과 KOH 25g을 물 1L에 용해한다.)

(4) 실험방법

① 장치내의 공기제거

그림 3-3의 H부분에 있는 둥근 부분의 일부가 채워질 때까지 $KMnO_4$ 용액을 넣는다. f와 C를 회전시켜서 F를 C를 통해서 외기와 통하게 하고 L에 물을 채우고 이를 높이 올려 물이 C에 이르게 하면 F안의 공기는 제거된다. C를 닫고 f를 돌려 F와 H를 통해서 $KMnO_4$ 용액이 f에 도달할 때까지 L을 내려 H와 f사이의 공기를 F에 유도시킨다. f와 C를 회전시켜 F를 C에 통하게 하고 다시 L을 높이 올려 F안의 공기를 C에서 밖으로 내몰고 f를 닫는다. C를 회전시켜 D를 외기와 통하게 하고 a, b, d를 모두 닫고 A에 빙초산 3㎖(아래 눈금까지)를 넣는다. a를 열고 빙초산을 D에 옮긴 후 $NaNO_2$ 용액 12㎖를 A에 넣고 역시 D에 옮긴다. 이어서 C를 닫고 a를 열어 둔 채 수초동안 D를 진탕하면 NO가 발생하고 그 압력으로 D중의 액은 A로 역류된다. C를 열어 외기와 통하게 하면 A중의 액은 다시 D로 되돌아가고 가스는 C에서 외부로 제거된다. C를 닫고 다시 D를 진탕하고 D중의 용액을 A로 역류시켜 D안의 액면이 눈금에 이르면 a를 닫는다. C를 열어 외기와 통하게 하고 D를 1분간 진탕하여 C와 f를 회전시켜 D와 F를 통하게 한다. 이렇게 함으로서 장치 내부와 용액중의 공기는 거의 제거된다.

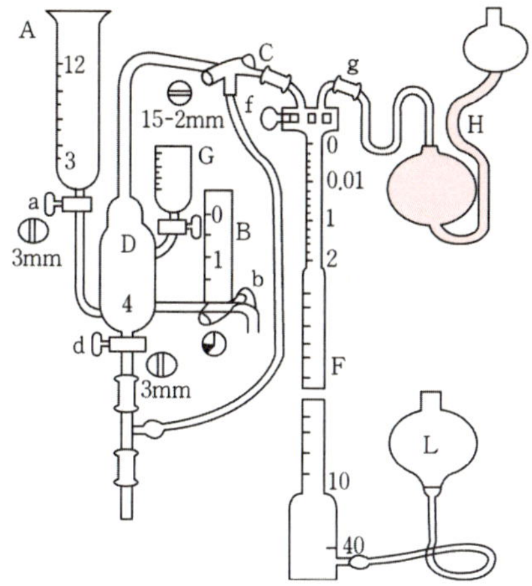

A : 시약주입관(약 35ml용량)
a : 내부직경 3mm 코크
B : 피검액용 뷰렛
b : 내부직경 1mm 코크
C : 3방향 코크
D : 아미노태 질소가스 발생실
(약 15ml 용량)
d : 내부직경 3mm 코크
F : 가스뷰렛, f는 코크
G : Carpryl alcohol 주입관
H : Hempel 가스 피펫
L : 수순조

그림 3-3 Van Slyke법 아미노태 질소정량장치

② 아미노기의 분해

검액(아미노산 용액)을 B에 넣고 b를 회전시켜 D에 옮긴 후 3~5분간 D를 진탕하여 일정한 반응을 진행시킨 후, 2분간 더 진탕한다. 발생되는 가스는 점차로 F로 유입되고 나머지 가스는 a를 열면 자연적으로 F로 이동된다. 이렇게 하여 발생된 가스를 전부 F로 유입시킨다. 이때 외기가 침입하지 않도록 특별히 주의하여야 한다.

③ NO의 흡수 및 NO_2의 측정

f를 회전시켜 F와 H를 연결하고 L을 위로 올려 F액의 가스를 완전히 H로 옮기고, f를 닫고 L을 아래로 내린다. H를 조용히 1~2분간 진탕한다(강하게 진탕하면 colloid가 되므로 주의). 이때 대부분의 가스는 알칼리성 $KMnO_4$ 용액에 흡수되어 부피가 줄어든다. f를 회전시켜 F와 H를 연결하면 가스는 다시 F내에 도입된 알칼리성 $KMnO_4$를 f까지 도달하도록 하고 F의 눈금이 0이 되도록 하여 f를 닫고 L내 액의 표면과 F내 액의 표면이 일치하도록 L을 위로 올려(이 상태에서 가스의 압력과 외기의 압력이 같게 된다) F내 가스의 부피를 읽는다. 가스가 완전히 흡수되어 지면 가스를 다시 H내로 보내어 조용히 진탕한 후 앞의 조작을 되풀이하여 F내에 유도된 가스의 부피를 읽는다. 전후 2회의 눈금이 거의 일치하면 반복할 필요가 없다. 일정한 가스의 부피를 기록하고 동시에 측정할 때의 실온(℃)과 기압(mmHg)을 기록한다.

(5) 결과 및 고찰

Van Slyke표(표 3-4)에 의해 계산한다. 측정시의 실온과 기압으로부터 표에서 얻은 수치와 측정부피(N_2 gas의 mℓ)를 곱한 값이 amino태 질소의 량(mg)이다. 예를 들면 온도 18℃, 기압 754 mmHg에서 측정한 N_2의 부피를 a mℓ라고 하면 표 중에서 얻은 수치 0.5700에 a를 곱한 값이 구하려는 amino태 질소의 량(mg)이다.

(6) 주의사항

① 바탕시험을 하여 시약으로부터 오는 오차를 보정할 필요가 있다.

② 측정이 끝나면 F내의 가스를 f와 C를 열어 외기로 배출하고, A와 D는 증류수로 잘 씻고 D는 alcohol과 ether로 다시 씻어 건조한 후 다음 측정에 사용한다. 액체시료인 경우에는 일정량을 취하여 끓여서 생성되는 침전을 거르고 거른 액을 앞에서와 같이 10% 황산용액을 가하여 약 5% 황산용액으로 하고 인텅스텐산 용액을 가하여 생성되는 침전을 거르고, 이 거른 액을 일정량으로 하여 검액으로 한다.

표 3-4 질소 1㎖에 상당하는 amino태 질소의 량(㎖)

온도(℃) / 기압(mmHg)	11	12	13	14	15	16	17	18	19	20
728	.5680	.5655	.5630	.5605	.5580	.5555	.5525	.5500	.5475	.5445
730	.5695	.5670	.5645	.5620	.5595	.5570	.5540	.5515	.5490	.5460
732	.5710	.5685	.5660	.5635	.5610	.5585	.5555	.5530	.5505	.5475
734	.5725	.5700	.5675	.5650	.5625	.5600	.5575	.5545	.5520	.5495
736	.5745	.5720	.5695	.5665	.5640	.5615	.5590	.5560	.5535	.5510
738	.5760	.5735	.5700	.5680	.5655	.5630	.5605	.5580	.5550	.5525
740	.5775	.5750	.5725	.5700	.5670	.5645	.5620	.5595	.5565	.5540
742	.5790	.5765	.5740	.5715	.5685	.5660	.5635	.5610	.5580	.5555
744	.5805	.5780	.5755	.5730	.5705	.5675	.5650	.5625	.5595	.5570
746	.5820	.5795	.5770	.5745	.5720	.5690	.5665	.5640	.5610	.5585
748	.5840	.5815	.5785	.5760	.5735	.5710	.5680	.5655	.5630	.5600
750	.5855	.5830	.5805	.5775	.5750	.5725	.5695	.5670	.5645	.5615
752	.5870	.5845	.5820	.5790	.5765	.5740	.5710	.5685	.5660	.5630
754	.5885	.5860	.5835	.5805	.5780	.5755	.5730	.5700	.5675	.5645
756	.5900	.5875	.5850	.5875	.5795	.5770	.5745	.5715	.5690	.5660
758	.5915	.5890	.5865	.5840	.5810	.5785	.5760	.5730	.5705	.5675
760	.5935	.5905	.5880	.5855	.5830	.5800	.5775	.5745	.5720	.5690
762	.5950	.5925	.5895	.5870	.5845	.5815	.5790	.5765	.5735	.5705
764	.5965	.5940	.5910	.5885	.5860	.5830	.5805	.5780	.5750	.5725
766	.5980	.5955	.5930	.5900	.5875	.5850	.5820	.5795	.5765	.5740
768	.5995	.5970	.5945	.5915	.5890	.5865	.5835	.5810	.5780	.5755
770	.6010	.5985	.5960	.5930	.5905	.5880	.5850	.5825	.5795	.5770
772	.6030	.6000	.5975	.5945	.5920	.5895	.5965	.5840	.5810	.5785

(다음 페이지에 계속)

(앞 페이지에서 계속)

기압(mmHg) \ 온도(℃)	21	22	23	24	25	26	27	28	29	30
728	.5420	.5395	.5365	.5335	.5310	.5280	.5250	.5520	.5195	.5160
730	.5435	.5410	.5380	.5380	.5325	.5295	.5265	.5235	.5210	.5175
732	.5450	.5425	.5359	.5359	.5340	.5310	.5280	.5250	.5220	.5190
734	.5465	.5440	.5410	.5410	.5355	.5325	.5295	.5265	.5235	.5205
736	.5480	.5455	.5425	.5425	.5370	.5340	.5310	.5280	.5250	.5220
738	.5495	.5470	.5440	.5415	.5385	.5355	.5325	.5295	.5265	.5235
740	.5510	.5485	.5455	.5430	.5400	.5370	.5340	.5310	.5280	.5250
742	.5525	.5500	.5470	.5445	.5415	.5385	.5355	.5325	.5295	.5265
744	.5540	.5515	.5485	.5460	.5430	.5400	.5370	.5340	.5310	.5280
746	.5555	.5530	.5500	.5475	.5445	.5415	.5385	.5355	.5325	.5295
748	.5575	.5545	.5515	.5490	.5460	.5430	.5400	.5370	.5340	.5310
750	.5590	.5560	.5530	.5505	.5475	.5445	.5415	.5385	.5355	.5325
752	.5605	.5575	.5545	.5520	.5490	.5460	.5430	.5400	.5370	.5340
754	.5620	.5590	.5560	.5535	.5505	.5475	.5445	.5415	.5385	.5355
756	.5635	.5605	.5575	.5550	.5520	.5490	.5460	.5430	.5400	.5370
758	.5650	.5620	.5595	.5565	.5535	.5505	.5475	.5445	.5415	.5385
760	.5665	.5635	.5610	.5580	.5550	.5520	.5490	.5460	.5430	.5400
762	.5680	.5650	.5625	.5595	.5565	.5535	.5505	.5475	.5445	.5415
764	.5695	.5665	.5645	.5610	.5580	.5550	.5520	.5490	.5460	.5430
766	.5710	.5680	.5655	.5625	.5595	.5565	.5535	.5505	.5475	.5445
768	.5725	.5695	.5670	.5640	.5610	.5580	.5550	.5520	.5490	.5460
770	.5740	.5710	.5685	.5655	.5625	.5595	.5565	.5535	.5505	.5475
772	.5755	.5730	.5700	.5670	.5640	.5610	.5580	.5550	.5520	.5490

【 Formol 적정법 】

(1) 개요

아미노산은 양성전해질이므로 수용액 중에서 산이나 알칼리로 직접 적정할 수 없다. 그러나 중성 수용액에서 formaldehyde와 반응하여 그의 염기성이 없어져 보통 산과 같이 알칼리로 적정할 수 있다. 아미노산 중 proline 및 hydroxyproline의 imino기는 formaldehyde와 친화성이 약하므로 낮은 값을, tyrosine은 산성의 OH 기를 가지고 있으므로 높은 값을, arginine 및 lysine은 formaldehyde 용액을 가하였을 때 중성으로 작용하므로 이들 아미노산들이 시료액 중에 다량으로 함유되어 있을 때는 정확한 값을 얻을 수가 없다.

(2) 시료조제

① Van Slyke 법에서 언급한 방법으로 만들며, 만약 이 시료액이 인산염, 탄산염 및 다량의 암모늄염을 함유하고 있지 않을 경우에는 시료액 일정량을

취하여 약산성으로 중화한다(pH 6.8).

② Van Slyke 법에서 언급한 방법으로 만든 시료액이 인산염, 탄산염 및 다량의 암모늄염을 함유하고 있을 경우에는 이 시료액 50㎖를 100㎖의 mess flask에 취하고 0.5% phenolphthalein 용액 1㎖, $BaCl_2$ 2g을 가하고 진탕하여 용해시킨 후 지시약이 변색될 때까지 포화 $Ba(OH)_2$ 용액을 가하고 여기에 눈금까지 물을 채워 잘 진탕한다. 이를 15분간 방치한 후 거르고, 거른액 80㎖(시료 40㎖에 상당)를 100㎖ mess flask에 취하여 0.2N-HCl 용액으로 중화(pH 6.8)하고 탄산을 함유하지 않은 물로 눈금까지 채워 시료액으로 한다.

③ 탈색 : 시료가 산 가수분해물일 경우에는 발색할 필요가 있다. 고체시료인 경우에는 1~3g을 0.1N-HCl 용액 25㎖에, 액체인 경우에는 0.1N-HCl 용액으로 산성화 한 25㎖을 50㎖의 mess flask에 취하고 $BaCl_2$ 용액 4㎖을 가한 후 강하게 진탕하면서 $AgNO_3$ 용액 20㎖를 떨어뜨린다. 여기에 탄산을 함유하지 않은 물을 눈금까지 채운다(이때 침전된 AgCl의 부피를 보정할 필요가 있으므로 이에 해당하는 물 4방울을 가한다). 이것을 거르고 거른액을 일정량 취하여 ①과 같이 중화하여 시료액으로 한다. 만일 인산 또는 탄산을 제거할 필요가 있을 때는 50㎖를 취하여 ②와 같이 처리한다.

(3) 시약 및 기구

$BaCl_2$, 0.5% phenolphthalein 용액, 포화 $Ba(OH)_2$ 용액, 0.2N-HCl 용액, 0.1N-HCl 용액, $BaCl_2$ 용액 : $BaCl_2 \cdot 2H_2O$ 244g을 물 1L에 용해한다. $AgNO_3$용액 : $AgNO_3$ 57g을 물 1L에 용해한다. 0.2N-NaOH 용액(정확히 농도계수를 구한 것) : 아미노산 함량이 적을 경우에는 0.1N 용액을 사용한다. 중성 formalin 용액 : formalin(30~40% HCHO 함유) 500㎖에 phenolphthalein 용액 1㎖를 가하고 0.2N-NaOH 용액으로 엷은 붉은색이 될 때까지 중화한다. 이 시약은 분석할 때마다 새로 만들어 사용한다.

(4) 실험방법

① 대조시험

끓여서 탄산을 제거하고 식힌 순수한 물 20㎖에 중성 formalin 용액 10㎖를 가하고 실제 적정 소요량의 약 반 정도의 0.2N-NaOH 용액을 가하고 잘 섞은 후

액이 분홍색이 될 때까지 0.2N-HCl 용액으로 역적정해 이 점을 제1당량점으로 한다(pH 8.3). 여기에 0.2N-NaOH 용액 5방울을 가하여 붉은 색이 되는 점을 제2당량점(pH 8.8)으로 한다.

② 본 실험

시료액 20㎖에 중성 formalin 용액 10㎖을 가하고 대조시험 때의 색깔보다 진하게 될 때까지 0.2N-NaOH 용액을 가하고, 0.2N-HCl로 다시 대조액과 같은 색이 되게 해 최후로 0.2N-NaOH 용액으로 대조액의 제2당량점 때와 동일한 색깔이 되도록 적정한다. 다음에 대조 시험액에 0.2N-NaOH 용액 2방울을 가하여 이 점을 제3당량점(pH9.1)으로 하고 시료액을 제3당량점 때와 동일한 색깔이 될 때까지 석정한다.

(5) 결과 및 고찰

0.2N-NaOH 용액 1㎖는 2.8㎎의 formol태 질소에 상당하므로 다음과 같이 계산한다.

$$\text{Formol 태 질소(㎎)} = 2.8 \times \{ Vt - (Vh + Vc)\} \times F$$

Vt : 제3당량점까지 소비된 0.2N NaOH의 총량(㎖)
Vh : 가한 0.2N HCl 에 상당하는 0.2N NaOH 용액량(㎖)
Vc : 대조액에 가한 0.2N NaOH 용액의 총량(대개 약 0.1㎖)
F : 0.2N NaOH의 역가

2장 지방질의 분리 및 분석

1. 총 지질의 추출

(1) 개요

대부분의 천연지질은 생체에서 소수성결합 및 친수성결합을 형성하고 있기 때문에, 비극성용매와 극성용매를 조합하여 혼합용매로서 총 지질을 추출한다. 동물, 식물, 미생물 등 원료의 종류에 따라 다소의 차이는 있으나, 여기서는 일반적으로 널리 이용되고 있는 Bligh and Dyer(1959)에 의한 방법을 중심으로 소개한다.

(2) 시료의 전처리

신선한 동물 원료인 경우에는 speed cutter에 의해 마쇄하여 추출하는 방법이 가장 널리 이용되고 있는 방법이지만, 경우에 따라서는 원료의 균질화 또는 세절한 후 동결 건조하여 추출하는 방법도 있다. 동결건조법은 조직으로부터 수분이 제거되므로 지질의 추출이 쉬워진다. 식물이나 미생물인 경우에는 균질화하기 전에 조직을 끓는 물 속에 1~3분간 가열한 후 추출하면 조직중의 대부분의 효소가 실활되는 이점이 있다.

(3) 시약 및 기구

시약 : 0.88% KCl, Chloroform, Methanol, Na_2SO_4

기구 : Separation funnel, Spoid, Beaker, Erlenmeyer flask, Graduate cylinder, Balance, desiccator, Vacuum pump, Speed cutter, Filter paper, Buchner funnel, Homogenizer, Vacuum evaporator, Receiver

(4) 추출방법

전 처리한 시료 약 100g을 beaker에 정확히 취하고, chloroform 100㎖와 methanol 200㎖를 취하여 homogenizer(rpm 16000~17000)로 약 3분간 균질화

하여 여과한다. 잔사는 chloroform 100㎖로 약 1분간 균질화하여 여과하고 위의 여액과 혼합한다. 이 여액을 separation funnel에 옮기고 0.88% KCl 100㎖을 첨가한 후 전 용액을 가볍게 흔들어 하룻밤 실온암소에서 방치한다. Funnel의 상층(MeOH−Water)과 하층($CHCl_3$−MeOH)이 분리되면 하층을 Erlenmeyer flask에 취한 후 Na_2SO_4로 탈수하고 여과한다. 여액을 40℃이하의 Vacuum rotary evaporator에서 용매를 제거한 다음 chloroform을 이용하여 총 지질을 일정량으로 정용하여 −35℃이하에서 보존한다.

(5) 결과 및 고찰

Chloroform으로 정용한 총 지질 일정량을 미리 항량을 측정해 놓은 수기에 취한 다음, 용매를 제거한 후 진공 desiccator에 넣어 약 30분간 vacuum pump로서 공기를 제거한다. 이것을 하룻밤 방치한 다음 수기의 무게를 측정한다.

$$\text{총 지질(\%)} = \frac{(\text{총 지질 포함 수기무게 - 최초의 수기무게}) \times \text{희석배수} \times 100}{\text{시료 무게(g)}}$$

(6) 주의사항

총 지질을 추출한 혼합 여액을 separate funnel에서 하룻밤 방치한 후, 상층과 하층사이의 경계면이 불명확한 경우에는 소량의 methanol을 가하여 가볍게 흔들어 주면 경계면이 명확하게 된다.

(7) 참고문헌

藤野安彦 : 지질분석법입문, 학회출판ヤンター, p.42(1990)

Bligh, E.C. and W.J. Dyer : A rapid method of lipid extraction and purification. *Can. J. Biochem. Physiol.*, 37. p.911(1959)

2. 지방의 물리화학적 시험법

1) 지방의 물리적 시험법

지방에 대해 건조중량(수분), 색, 비중, 수분(가열감량), 굴절율, 녹는점, 응고점,

냉각상태, 점도, 발연점, 인화점, 연소점, 용해도, 가열불용출, 가열색도, 겔화시간, 건조시간, 고체지방 Index 등이 물리적으로 측정된다.

(1) 비중

비중이란 물질의 질량과 그것과 같은 체적의 표준물질의 질량과의 비를 말한다. 유지의 비중은 그 유지를 구성하는 지방산에 영향을 받으며 저급지방산, 옥신산, 불포화지방산을 많이 함유할수록 커지므로 유지의 종류나 건성유와 불건성유의 판별과 정제도 등의 판정지표들 중의 하나로 활용된다.

【 액체지방의 비중측정 】

액체지방의 비중측정은 그림3-4와 같이 두 종류의 비중병이 사용된다. 비중병 A형(용량 10~100㎖의 병으로서 온도계가 부착된 갈아 맞춘 마개와 눈금 및 갈아 맞춘 뚜껑을 가진 측관이 있는 것)을 이용할 경우에는 미리 비중병을 깨끗하게 씻고 건조하여 그 무게(W)를 단 다음 마개와 뚜껑을 빼고 시료를 가득 넣은 후 따로 규정이 없는 한 규정온도(25℃)보다 1~3℃ 낮게 하고 거품이 남지 않도록 주의하여 마개를 막는다. 다음 천천히 온도를 올려 온도계가 표준온도(25℃)를 나타낼 때 측관을 넘쳐 나오는 시료를 측관으로부터 제거하고 측관에 뚜껑을 하여 외부를 잘 닦은 다음 무게(W_1)를 단다. 이 비중병의 시료를 제거하고 알코올과 ether로 잘 닦아 내고 증류수를 사용하여 위와 같이 조작하고 그 무게(W_2)를 달아 다음 식에 따라 비중(d)를 구한다.

$$\text{비중}(d) = (W_1 - W) / (W_2 - W)$$

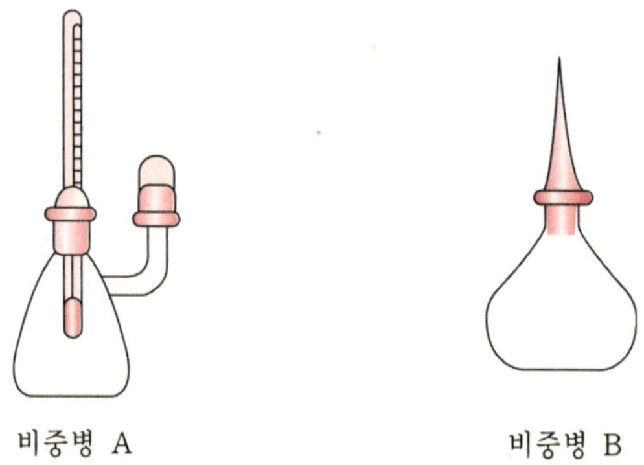

비중병 A　　　비중병 B

그림 3-4 액체지방의 비중을 측정하는 비중병

비중병 B형을 이용할 경우 A의 경우와 같이 씻고 건조하여 무게(W)를 단 다음, 마개(중심부에 가는 구멍이 상하로 뚫려 있는 원추형)를 열고 시료를 가득 넣는다. 다음 마개를 막아 마개의 상부로부터 시료가 넘쳐 나오도록 완전히 밀착시키고 25℃의 수욕조에 30분 이상 담가 둔 다음, 흘러나온 바깥 면의 지방을 잘 닦아 내고 무게(W_1)를 단다. 이어서 이 비중병의 시료를 제거하고 알코올과 ether로서 잘 닦아 내고 증류수로 시료와 동일하게 조작하여 무게(W_2)를 달고 비중병 A에서와 같은 계산식에 따라 비중을 산출한다.

【 고체지방의 비중측정 】

미리 깨끗이 씻어 건조한 스프렝겔 피크노메타(뚜껑 k가 2개 있는 것)의 무게(W)를 단다. 다음에 뚜껑 k를 열어 b관의 부속관 r을 끼우고 a관에 흡입관 s를 끼우고 부속관의 끝을 용융 지방 중에 담그고 흡입관 s에서 흡인하여 지방을 가득 채운다. 100℃의 가온조에 피크노메타를 20~30분간 담그고 r과 s를 빼고 b관의 끝에 여과지를 대고 지방량을 a관내에 눈금에 닿게 한 다음 a, b관에 뚜껑을 덮고 건조 거즈로 깨끗이 닦고 식힌 다음 무게(W_1)를 단다. 이 피크노메타의 시료를 제거하고 알코올과 ether로 닦아 낸 후 25℃의 증류수를 써서 같은 조작을 하여 무게(W_2)를 달고 액체지방의 계산식에 따라 비중을 계산한다.

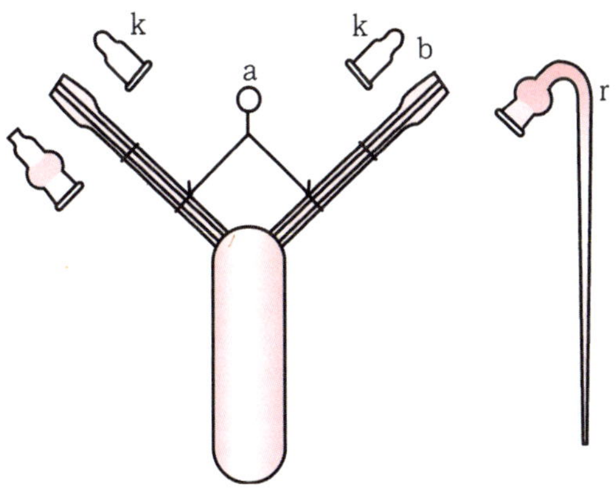

그림 3-5 스프렝겔 피크노메타

(2) 굴절율

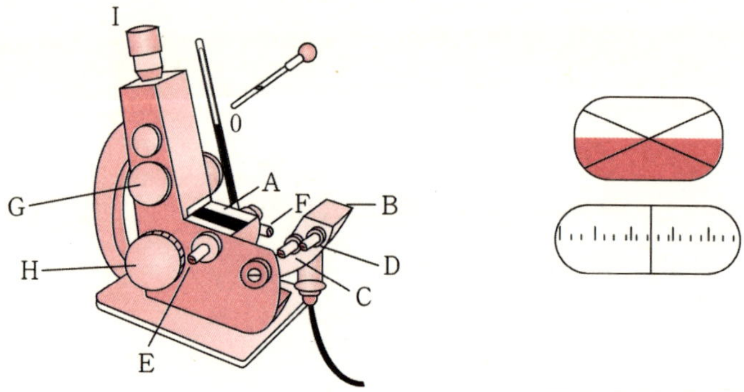

그림 3-6 Abbe 굴절계

그림 3-6과 같이 Abbe굴절계에는 prism이 각각 들어 있는 A와 B 2개의 금속 상자가 있으며, 이 상자의 C관에서 D→E→F관으로 호스를 연결하여 온탕을 흘려서 양 prism을 일정한 온도(25℃)로 가열하고 부착된 온도계로 확인한다. Prism을 열고 ether로 적신 면으로 prism의 면을 깨끗이 닦고(사용 후에도 닦는다) 건조 후, 시료 소량을 유리막대기 등으로 찍어 프리즘에 묻힌 후 prism상자 B를 닫고 I에서 관찰하여 그림 3-6의 우측 그림의 위쪽과 같이 명암의 경계선이 대각선의 교차점에 오도록 G 및 H를 움직여 프리즘을 회전시킨 다음 그 때의 아래쪽 화상의 눈금을 확인하여 직접 굴절률을 읽는다.

2) 지방의 화학적 시험법

지방에 대해 산가, 중화가, 비누화가, 에스테르가, 요오드가, 로단가, 아세틸가, 수산기가, 비 비누화물가, 과산화물가, 공역디엔가 등이 화학적으로 측정된다. 이 중 가장 빈번히 측정하는 몇 가지 시험법을 소개한다.

(1) 산가(Acid value)

유지를 장기간 저장하면 공기 중의 산소 및 미생물의 작용으로 산패가 일어나서 유리지방산의 양이 증가하게 된다. 유지 1g중에 함유되어 있는 유리지방산을 중화하는데 필요한 KOH의 ㎎수를 유지의 산가(酸價)라고 한다. 즉 산가는 유지의 산패를 판정하는데 기준이 된다.

$$nHOOC\text{-}CH_2\text{-}R + nKOH \rightarrow nKOOC\text{-}CH_2\text{-}R + H_2O$$

free fatty acid　　　　　　　　　Soap

① 실험방법

시료 5~10g을 정확히 달아 마개 달린 삼각플라스크에 넣고 중성의 ethanol-ether혼액(1:2) 100㎖를 넣어 녹인다. 이를 페놀프탈레인을 지시약으로 하여 엷은 홍색이 30초간 지속할 때까지 0.1N KOH in ethanol 용액으로 적정한다(시료가 착색되어 있을 때에는 지시약을 1% thymolphthalein이나 2% alkaliblue-6B 용액을 사용하든지 또는 시료를 가능한 소량으로 하고 ether를 증량하여 실험한다.

② 결과 및 고찰

$$\text{산가(acid value)} = (5.611 \times a \times f) / S$$

S ; 시료의 채취량(g)
a ; 0.1N KOH in ethanol 용액의 소비량(㎖)
f ; 0.1N KOH in ethanol 용액의 역가

★ 산가는 지질중의 유리지방산의 양을 나타내는 것으로 간주할 수 있다. 미 정제된 유지에는 유리지방산이 다소 함유되어 있지만 유지를 정제할 때 알칼리 처리를 하여 제거하므로 정제유의 산가는 매우 낮다. 따라서 산가는 유지의 정제도를 나타내는 척도가 되기도 한다. 그리고 유지의 보관상태가 나쁘면 가수분해나 산화에 의해 지방산이 유리되는 산패가 일어나므로 산가로 산패의 정도를 측정할 수 있다.

★ Ethanol-ether혼액(1:2)은 사용 전에 페놀프탈레인을 지시약으로 하여 중성으로 만들어 두거나 이 용매에 대한 공시험을 실시하도록 한다. 용매에 ethanol을 첨가하는 이유는 KOH의 적정에 의하여 생성되는 비누의 분리를 방지하기 위함이다.

(2) 비누화가(Saponification value)

비누화가라 함은 지질 1g 중의 유리지방산의 중화 및 ester의 비누화에 필요한 KOH의 ㎎수이다. 유지에 KOH를 가하고 끓이면 glyceride는 분해되어 glycerin과 지방산의 K염이 생성되고 유리지방산은 중화가 된다. 이 때 glyceride의 비누화와 유리지방산의 중화에 소비된 KOH의 양을 표시한 것이 비누화가이다.

$$\begin{array}{l} CH_2\text{-}O\text{-}CO\text{-}CH_2\text{-}R \\ | \\ nCH_2\text{-}O\text{-}CO\text{-}CH_2\text{-}R \\ | \\ CH_2\text{-}O\text{-}CO\text{-}CH_2\text{-}R \end{array} + 3n\ KOH \rightarrow n \begin{array}{l} CH_2\text{-}OH \\ | \\ CH_2\text{-}OH \\ | \\ CH_2\text{-}OH \end{array} + 3n\ KOOC\text{-}CH_2\text{-}R$$

(지방산염 : 비누)

(Triglyceride) (glycerin)

$$mHOOC\text{-}CH_2\text{-}R + mKOH \rightarrow mKOOC\text{-}CH_2\text{-}R + H_2O$$

free fatty acid Soap

① 실험방법

시료 1~2g을 200mℓ의 플라스크에 정밀히 달아 넣고 0.5N−KOH ethanol 용액 25mℓ를 정확히 가하고 이에 갈아 맞춘 작은 환류냉각기 또는 공기냉각기로서 길이 약 75cm, 직경 7mm의 유리관을 달고 수욕 중에서 때때로 흔들어 저으면서 30분간 가열한다. 다음 phenolphthalein 용액을 지시약으로 하여 즉시 0.5N HCl로서 과잉의 KOH를 적정한다. 따로 시료를 같은 방법으로 공시험을 한다.

② 결과 및 고찰

$$\text{비누화가} = \{28.05 \times (b\text{-}a) \times f\} \;/\; S$$

a ; 시료를 사용했을 때의 0.5N HCl의 소비량(mℓ)
b ; 공시험에 있어서의 0.5N HCl의 소비량(mℓ)
S ; 시료의 채취량(g)
f ; 0.5N HCl의 역가

★ 일정량의 유지 중에 분자량이 큰 지방산이 많을 경우 지방산의 분자수를 표시하는 m 및 n의 숫자가 적어 KOH의 소비량이 적고, 분자량이 작은 지방산이 많을 경우에는 m 및 n의 숫자가 많아 KOH의 소비량이 많다. 따라서 비누화가는 유지를 구성하는 지방산의 분자량 규모를 측정하는 기준이 된다.

(3) 요오드가(Iodine value)

요오드가라 함은 지질 중의 불포화결합의 양을 나타내는 것으로서, 지질 중 불포화지방산의 이중결합 1개는 할로겐 1분자를 정량적으로 흡수한다. 예를 들면 oleic acid 및 linoleic acid는 각각 1분자 및 2분자의 요오드를 흡수한다. 따라서 지질

중의 구성지방산이 이중결합수가 많은 고도불포화지방산으로 구성되어 있을수록 요오드가는 높다. 요오드가의 실제 분석에 있어서는 지질 100g에 흡수되는 할로겐의 양을 요오드의 g수로 나타낸다.

요오드가의 측정에는 여러 가지 방법이 있지만 그 원리는 지질에 할로겐 용액을 가하고 방치함으로서 불포화결합에 할로겐을 부가시킨 후, 반응하지 않고 남은 할로겐의 양을 $Na_2S_2O_3$으로 적정함으로서 부가된 할로겐의 양을 요오드의 량으로 환산하여 나타낸다. 참고로 요오드가가 130이상의 유지를 건성유라 하며 오동나무유, 대마유 등이 이에 속한다. 요오드가 90~130인 유지는 반건성유이며 면실유, 낙화생유, 대두유 및 채종유 등 대부분의 식용유가 반건성유이다. 요오드가 90이하에는 피마자유, 야자유 및 동물성 기름들이 해당되며 이를 불건성유라 한다.

[할로겐 부가반응] $-CH{=}CH- + ICl \rightarrow -\underset{\textstyle I}{\underset{|}{C}}H-\underset{\textstyle Cl}{\underset{|}{C}}H-$

[적정 반응] 미반응 $ICl + KI \rightarrow KCl + I_2$

$I_2 + 2Na_2S_2O_3 \rightarrow 2NaI + Na_2S_4O_6$

【 하누스법에 의한 요오드가의 측정 】

하누스법은 할로겐 시액의 조제가 비교적 용이하며 역가의 변동이 적어 장기간 보존에도 안정한 이점이 있다.

① 시약

- **브롬요오드시액** : 요오드(I_2) 13.2g을 초산 1L에 가온하여 녹이고 이것을 25℃로 식힌 다음 20㎖를 취하여 0.1N $Na_2S_2O_3$ 용액으로 적정하여 요오드의 농도를 결정한다. 남은 요오드 용액에 요오드함량과 당량의 브롬(3㎖)을 가한다. 이 액은 차광한 공전병에 보관한다.
- **1N KI 용액** : KI 16.5g을 물에 녹여 100㎖로 한다. 이 액은 차광하여 보존한다.
- **0.1N 티오황산나트륨** : $Na_2S_2O_3$ 약 26g 및 무수탄산나트륨 0.2g을 새로 끓여 식힌물에 녹여 1L로 한다. 이 액으로 역가가 정해진 0.1N 요오드액을 적정하여 산출한다.
- **전분시액** : 전분 1g을 찬물에 섞고 이를 열탕 200㎖에 저어 섞으면서 천천히 가하고 액이 반투명하게 될 때까지 끓이고 가만히 식힌 다음 상등액을 사용한다.

② 실험방법

시료의 요드가를 감안하여 일정량을 작은 유리그릇에 정밀히 달고 250㎖의 마개 달린 삼각플라스크속에 유리그릇과 함께 넣는다. chloroform 10㎖를 가하여 녹이고 이에 브롬요오드시액 25㎖을 정확하게 가하고 밀전한 후 잘 섞고 차광하여 30분간 방치한다(요오드가가 100이상의 것은 1시간 방치해야 하며 방치시간이 정확치 않을 경우 정확한 결과를 얻을 수 없다). 다음에 1N-KI 용액 30㎖를 가하여 흔들어 섞고 다시 물 100㎖를 가하여 유리한 요오드를 0.1N $Na_2S_2O_3$용액으로 적정한다(적정의 종말에 근접하면 플라스크의 마개를 막고 격렬하게 흔들어 chloroform중에 잔존하고 있는 요오드를 물 층으로 옮기고 적정을 계속한다). 지시약은 전분시액 1㎖을 사용하며 따로 시료를 사용하지 않고 공시험을 한다.

③ 결과 및 고찰

$$요오드가 = \{1.269 \times (b-a) \times f\}/S$$

a ; 본시험에 있어서의 0.1N $Na_2S_2O_3$의 소비량(㎖)
b ; 공시험에 있어서의 0.1N $Na_2S_2O_3$의 소비량(㎖)
S ; 시료의 채취량(g)
f ; 0.1N $Na_2S_2O_3$의 역가

★ 시료의 채취량은 시료의 요오드가에 따라 다르다. 즉 요오드가가 120이상이면 0.1~0.2g, 60~120이면 0.2~0.4g, 60이하이면 0.4~0.8g의 시료를 채취하여 분석에 이용하는 것이 적당하다.

【 위스법에 의한 요오드가의 측정 】

하누스법과 유사하나 위스시액을 조제하여 사용하며, 이 방법의 측정치는 하누스법으로 측정했을 때보다 약 3%정도 높게 나오는 것이 특징이다.

① 시약

위스시액 : 다음의 2가지 방법들 중 어느 것을 사용해도 좋으나 모두 갈색병에 밀전하여 어두운 곳에 보관하여야 한다.

- 방법 a ; 요오드(I_2) 13g을 초산 1L에 녹이고 그 10㎖를 취하여 0.1N 티오황산나트륨 용액으로 적정하여 요오드의 농도를 결정하여 둔 다음, 남은 요오드용액에 정제 건조염소가스를 통하여 암갈색에서 담등황색으로 변할

때 이를 중지하고 이 액 10mℓ를 취하여 1N-KI용액 10mℓ 및 물 10mℓ를 가하여 잘 섞고 0.1N $Na_2S_2O_3$으로 적정하여 이 측정치가 정확히 먼저의 측정치의 2배가 되도록 한다. 측정치가 2배에 이르지 않으면 염소가스를 더 통하고 2배가 넘으면 소량 남겨 둔 요오드 용액을 가하여 조절한다.

- 방법 b ; 삼염화요오드(ICl_3) 7.9g과 요오드(I_2) 8.7g을 따로 따뜻한 빙초산에 녹인 후 혼합하여 이에 빙초산을 가하여 1L로 한다.

기타 시액 : 하누스법과 동일하다.

② 실험방법

시료의 요오드가를 감안하여 일정량의 시료를 250mℓ의 마개 달린 삼각플라스크에 취하고 사염화탄소 15~20mℓ를 가하고 위스시액 25mℓ를 피펫으로 일정한 속도로 적가한다. 다음에 암소에 30분간 방치한다(요오드가가 100이상의 것은 1시간 방치해야 하며 방치시간이 정확치 않을 경우 정확한 결과를 얻을 수 없다). 다음에 1N-KI 용액 20mℓ 및 물 100mℓ를 가하여 흔들어 섞은 다음 유리한 요오드를 0.1N $Na_2S_2O_3$ 용액으로 적정한다(적정의 종말에 근접하면 플라스크의 마개를 막고 격렬하게 흔들어 사염화탄소 중에 잔존하고 있는 요오드를 물 층으로 옮기고 적정을 계속한다). 지시약은 전분시액 1mℓ을 사용하며 따로 시료를 사용하지 않고 공시험을 한다.

③ 결과 및 고찰

하누스법과 동일하다.

(4) 과산화물가(Peroxide value)

식품 중의 유지는 공기 중의 산소에 의하여 지방산이 산화되어 peroxy radical이 형성되면 연쇄반응에 의하여 자동산화가 일어난다. 이러한 유지의 산화는 열, 빛, 금속이온의 존재에 따라 촉진되며 식품변질의 주요 원인이 되고 있다. 산화된 유지는 aldehyde, ketone 및 유리 유기산 등의 과산화물을 만들어 불쾌취를 발생하거나 중합체를 형성하여 유지의 점도를 높게 한다. 이와 같은 유지의 변질은 정도가 가벼워도 상품가치에 중대한 영향을 미치며, 변질이 심한 경우에는 소화기 등에 독성을 나타내기도 한다. 과신화물가는 유지 1kg에 의하여 KI에서 유리되는 요오드의 밀리당량수이다. 유지 중의 과산화물은 요오드칼륨(KI)와 반응하여 요오드(I_2)를 유리시키므로 이 I_2의 양을 $Na_2S_2O_3$으로 적정하여 과산화물의 양을 측정한다.

$$(\text{과산화물})ROOH + 2I^- + 2H^+ \rightarrow ROH + I_2 + H_2O$$

$$I_2 + Na_2S_2O_3 \rightarrow 2NaI + Na_2S_4O_6$$

① 실험방법

시료 약 1~5g을 정확히 무게 달아 acetic acid : chloroform(3:2) 25㎖에 필요하면 약간 가온하여 녹이고 쓸 때에 만든 포화 KI용액 1㎖를 가볍게 흔들어 섞은 다음 어두운 곳에 10분간 방치하고 물 30㎖를 가하여 세게 흔들어 섞은 다음 전분시액 1㎖를 지시약으로 하여 0.01N $Na_2S_2O_3$ 용액으로 적정한다. 따로 공시험을 하여 보정한다.

② 결과 및 고찰

$$\text{과산화물가(meq/kg)} = \frac{(a - b) \times f}{\text{시료의 채취량(g)}} \times 10$$

a ; 0.01N $Na_2S_2O_3$용액의 적정치(㎖)
b ; 공시험에 있어서의 0.01N $Na_2S_2O_3$용액의 적정치(㎖)
f ; 0.01N $Na_2S_2O_3$용액의 역가

3. 지방산(Fatty acid)의 분석

1) 지방산의 종류

지방산이란 지방을 가수분해할 때 생성되는 유기산을 말하며, 이러한 지방산은 영양학적으로 중요한 열량원이다. 특히 linoleic acid, linolenic acid 및 arachidonic acid 등의 고도불포화지방산은 인체 내에서 생합성이 되지 않아 식품으로 섭취하여야 하는 필수지방산으로 알려져 있다. 따라서 식품 중의 지방산을 분석함은 영양학적으로 중요하다.

자연계에서 지방산의 종류는 탄소수 14(C_{14})에서부터 탄소수 36(C_{36})인 종류까지 존재하고 있으나 일반적으로 C_{14}부터 C_{20} 사이에서 짝수개의 탄소수를 가진 지방산이 주로 차지하고 있으며, 특히 C_{16}과 C_{18}의 종류가 월등히 많다.

지방산은 분자 내에 이중결합이 없는 포화지방산(saturated fatty acid)과 이중결합이 있는 불포화지방산(unsaturated fatty acid)으로 구별하며, 불포화지방산은 이중결합의 수에 따라 화학명(국제)에 monoenoic(1), dienoic(2), trienoic(3), tetraenoic(4), pentaenoic(5) 및 hexaenoic(6) 등을 붙인다. 또한 간편한 기호로서 Cm:n으로 표기하기도 하는데, m은 탄소수 n은 이중결합의 수를 뜻한다.

표 3-5 포화지방산의 일반적 종류

기호	구조명	관용명
$C_{10:0}$	Decanoic acid	Capric acid
$C_{11:0}$	Undecanoic acid	Undecylic acid
$C_{12:0}$	Dodecanoic acid	Lauric acid
$C_{14:0}$	Tetradecanoic acid	Myristic acid
$C_{16:0}$	Hexadecanoic acid	Palmitic acid
$C_{17:0}$	Heptadecanoic acid	Margaric acid
$C_{18:0}$	Octadecanoic acid	Stearic acid
$C_{20:0}$	Eicosanoic acid	Arachidic acid
$C_{22:0}$	Docosanoic acid	Behenic acid
$C_{24:0}$	Tetracosanoic acid	Lignoceric acid
$C_{26:0}$	Hexacosanoic acid	Cerotic acid
$C_{28:0}$	Octacosanoic acid	Montanic acid
$C_{30:0}$	Triacontanoic acid	Melissic acid
$C_{32:0}$	Dotriacontanoic acid	Lacceroic acid

표 3-6 불포화지방산의 일반적 종류

이중결합 수	기호	구조명(관용명) ; -acid
Monoenoic(1)	$C_{14:1}$	*cis*-9-tetradecenoic(Myristoleic)
	$C_{16:1}$	*cis*-9-hexadecenoic(Palmitoleic)
	$C_{18:1}$	*cis*-9-octadecenoic(Oleic)
	$C_{18:1}$	*cis*-11-octadecenoic(Vaccenic)
	$C_{20:1}$	*cis*-9-eicosenoic(Gladoleic)
	$C_{22:1}$	*cis*-13-docosenoic(Erucic)
	$C_{24:1}$	*cis*-15-tetracosenoic(Nervonic)
Dienoic(2)	$C_{18:2}$	*cis,cis*-9,12-octadecadienoic(Linoleic)
	$C_{18:2}$	*cis,cis*-6,9-octadecadienoic(-)
	$C_{20:2}$	*cis,cis*-11,14-eicosadienoic(-)
Trienoic(3)	$C_{18:3}$	*cis,cis,cis*-9,12,15-octadecatrienoic(α-Linolenic)
	$C_{18:3}$	*cis,cis,cis*-6,9,12-octadecatrienoic(γ-Linolenic)
	$C_{20:3}$	*cis,cis,cis*-8,11,14-eicosatrienoic(-)
	$C_{20:3}$	*cis,cis,cis*-11,14,17-eicosatrienoic(-)
Tetraenoic(4)	$C_{20:4}$	*cis,cis,cis,cis*-5,8,11,14-eicosatetraenoic(Arachidonic)
Pentaenoic(5)	$C_{20:5}$	*cis,cis,cis,cis,cis*-5,8,11,14,17-eicosapentaenoic(EPA)
Hexaenoic(6)	$C_{22:6}$	*cis,cis,cis,cis,cis,cis*-4,7,10,13,16,19-docosahexaenoic(DHA)

이중결합을 가지는 지방산은 cis-와 trans-의 이성질체가 존재하지만 자연계에서는 대부분 cis-형으로 존재하며, 지방의 가열 시 생성되기도 하는 trans-형의 경우 자연계에서는 희귀하다. 위의 표 3-5와 3-6에 일반적 지방산의 종류를 참고로 나타내었다.

2) 지방산의 분석

(1) 개요

지방산은 그 자체로서는 자외선 및 가시광선의 영역에서 흡수를 일으키지 않을 뿐만 아니라 흡수성을 가지게 만드는 적당한 유도체화 시약도 없기 때문에 HPLC에 의한 분석은 적절하지 못하다. 그러나 분자 중에 탄소수가 많아 gas chromatography로는 감도가 높으므로, 지방산을 휘발성이 강한 methyl ester로 전환시켜서 gas chromatography로 분석하고 있다. 이러한 지방산의 분석원리는 다음과 같이 우선 triglyceride 등 복합 지질 중의 지방산을 알칼리처리(비누화)하여 유리한 후, 유리된 지방산을 methyl ester화하여 극성과 비점을 낮추고 분리능을 높여 gas chromatography에 의한 분석을 용이하게 하는 것이다.

① 장치

Gas chromatograph ; 수소염이온화검출기(FID)

Rotary vacuum evaporator(회전감압농축기)

Condenser ; water-cooled, reflux

② 표준용액의 조제

각 지방산 표준품 10㎎을 정밀히 취하여 시험용액의 조제과정에 준하여 조제한다. 표준품이 methyl ester인 경우에는 n-heptane에 적당한 농도로 용해하여 표준액으로 사용할 수 있으나, 시료의 전처리 과정에서 회수율을 보정해 주기 위해서는 시험용액의 조제과정에 준하여 처리하는 것도 좋다.

③ 시험용액의 조제

- 시약 : 황산-methanol 용액(methanol 230㎖에 황산 2㎖을 주의해서 혼합한다), 0.5N ethanol성 NaOH 용액(NaOH 약 2g을 물 2㎖에 녹이고 ethanol을 가하여 100㎖로 만들고 밀폐된 용기에 넣어 24시간 이상 방치한 다음 상등액을 다른 용기로 옮겨 밀폐 및 차광하여 보존한다. 6N HCl 용액, Diethyl ether, Na_2SO_4 anhydrous

- 비누화(검화) : 유지 또는 식품에서 추출한 지질 약 100㎎을 증류용 플라스크에 취하여 0.5N ethanol성 NaOH용액 30㎖를 가하고 환류냉각기를 붙여 끓는 수욕 상에서 30분간 가열하여 비누화 한다. 다음 비누화된 시료용액을 분액깔때기로 옮기고 물 50㎖를 가하여 혼합한다. 이에 diethyl ether 50㎖를 가하고 흔들어 비 비누화물을 추출하고 정치한다. 충분히 분리된 물층(하층)을 다른 분액깔때기로 옮기고 다시 diethyl ether 50㎖로 추출하여 분리한 물층(하층)을 또 다른 분액깔때기에 옮긴다. 이 물층에 6N-HCl 용액을 가하여 pH 2.0으로 조절한 다음 약 30㎖씩의 diethyl ether로 2회 추출하여 분리된 상층의 diethyl ether층을 합한다. 이 diethyl ether액을 무수황산나트륨으로 탈수하고 회전감압농축기로 농축한다.
- Methylester화 : 비누화한 지방산 혼합물을 증류용 플라스크에 30㎖의 황산-methanol용액으로 씻어 넣고 환류냉각기를 붙여 끓는 수욕 상에서 30분간 가열한다. 가열이 끝난 플라스크를 방냉시켜서 분액깔때기에 옮기고 물액 200㎖를 가한 다음 diethyl ether 약 30㎖로 지방산 methyl ester를 추출한다. 정치하여 분리된 하층의 물층을 다른 분액깔때기에 옮기고 다시 diethyl ether 약 30㎖로 추출한 다음 각 diethyl ether층을 하나의 분액깔때기에 모은다. 이 분액깔때기에 methylorange 시액 2방울을 넣고 적색이 사라질 때까지 물로 여러 번 씻어 남아 있는 황산을 제거한다. 씻은 diethyl ether층을 충분히 정치하여 분리되는 물 층을 최대한 제거한 다음 회전감압농축기로 농축한다. 이 건고물을 acetone에 녹여 일정량으로 하여 gas chromatography분석용 시험용액으로 한다.

④ GC에 의한 분석조건

- Column ; chromosorb(AW-DMGS)에 5~20% DEGS(diethylene glycol succinate)로 coating시켜 내경 3~4mm, 길이 1~2m인 유리 또는 stainless steel column에 충전한 것.
- Detector ; 수소염 이온화검출기(FID)
- Gas 및 flow rate ; N2, 30~60㎖/min
- Injector temperature ; 230~240℃
- Column temperature ; 160~220℃
- Detector temperature ; 240~250℃

⑤ 정량

검액 및 표준액 각각 1~5㎕씩을 gas chromatograph내에 주입하여 구성하고 있는 지방산의 그래프를 얻는다. 이 그래프를 표준 그래프와 비교하여 각 지방산에 해당하는 peak를 확인하고 검액 지방산과 표준 지방산 peak의 높이 및 면적비율 그리고 표준지방산의 농도로서 각 지방산의 함량을 산출한다.

4. Cholesterol의 정량

(1) 시료조제

식품 시료로부터 총 지방을 추출하여 시료를 먼저 비누화하고서 유기용매로 시료 내 비 비누화물에 속하는 cholesterol을 모두 추출해 낸 뒤, gas chromatography로 그 양을 측정한다.

(2) 시약 및 기구

5α-cholestan ; 5α-cholestan 100㎎을 chloroform 100㎖에 녹여 내부표준물질로 사용

1N alcoholic KOH solution

Distilled water or Deionized water

Petroleum ether, n-hexane

Gas chromatograph

Na_2SO_4 anhydrous

(3) 실험방법 및 고찰

우선 시료 1~10g(cholesterol로서 1~5㎎)을 정확히 채취한다. 단, 난황은 0.3g을 채취한다. 여기에 5α-cholestan 용액(1㎎/㎖) 2㎖를 정확히 가한다(단 고로케, 우유 및 난백은 0.2㎎/㎖ 용액을 2㎖ 정확히 가한다). 다음에 1N alcoholic KOH 용액 50㎖를 가해 1시간 끓는 수욕 상에서 환류한다. 냉각 후 물 50㎖ 및 petroleum ether 50㎖로 분액깔때기에 옮기고 흔들어 petroleum ether 가용물을 추출한다. petroleum ether 로서 2~3회 더 가용물을 추출하여 모은 후 물 40㎖로서 4회 정도 가용물을 씻어 준다. petroleum ether 층을 무수황산나트륨으로 탈수하고 회전진공농축기로서 농축한다. 여기에 n-hexane 약 5㎖를 가해 잘 섞은

뒤 약 1~2μl를 gas chromatograph에 주입하여 분석한다.

Gas chromatography의 분석조건은 다음과 같다.

- 3% OV-1/Supelcoport, 100~120mesh, column(I.D.3mm,length 1M)
- Column temperature ; 265℃
- Detector ; Flame ionization detector(FID)

$$\text{식품 중의 cholesterol 함량(mg/100g)} = \frac{Psa \times K}{Pst} \times \frac{St}{W} \times 100$$

Psa : cholesterol의 peak 면적
Pst : 내부표준물질(5α-cholestan)의 peak 면적
K : 검량선으로부터 구한 변환인자(cholesterol/5α-cholestan의 무게와 면적비)
St : 내부표준물질의 무게(mg)
W : 시료의 무게(g)

(4) 주의사항

① 최근에는 capillary column 장착 GC로 많이 분석되고 있는데, 이 경우도 적용원리는 같다. 단지 이때는 전처리 시료 채취량이 0.5μl 이하에서 좋은 chromatogram을 얻을 수 있다.

② 위 계산식에서 K값은 1/0.798=1.253이었다.(아래 참고문헌)

(5) 참고문헌

Kaneta, T. : GLC determination of cholesterol in foods. *J. Natr. Sci. Vitaminol.*, 26(5). p.497(1980)

3장

탄수화물의 분리 및 분석

1. 당류의 정성반응

1) 일반당류의 반응

(1) Molish test

① 개요

단당류는 진한 황산에 의해 탈수반응을 일으켜 furfural 또는 methyl furfural등을 생성하며, 이 들은 α-naphthol sulfonic acid와 반응하여 triarylmethane-chromogen을 만들고, 이것이 황산에 산화되어 적자색의 퀴노이드화합물이 되는 반응을 이용한다.

② 시약 및 기구

1%의 당 용액을 만든다.

5% α-naphthol의 95% ethanol 용액

진한 황산

③ 실험방법

시료액 0.5㎖에 5% α-naphthol의 알코올 용액 2방울을 가하여 혼합한 다음 진한 황산 1㎖를 시험관벽으로 천천히 주입하여 두 액의 접촉면에 자색고리가 나타나면 천천히 혼합한다.

④ 결과 및 고찰

단당류는 적색 또는 자색으로 된다.

★ 진한 황산과 α-naphthol은 분석용 시약을 사용한다.

★ 질산염 또는 아질산염은 유해하므로 주의한다.

2) Ketose의 반응

(1) Resorcinol-HCl test

① 개요

Ketose나 ketone을 함유하고 있는 다당류는 resorcinol-thiourea와 산성조건에서 반응하여 암갈색의 침전을 형성한다. Aldose는 미약한 반응을 나타내며, 무수당이나 2-deoxy sugar는 이 반응에서 양성을 나타낸다.

② 시약 및 기구

1% 당 용액, Resorcinol-thiourea시약 : Resorcinol 0.1g과 thiourea 0.25g을 빙초산 100mℓ에 용해하여 갈색병에 보관한다, 30%-HCl, 항온수조

③ 실험방법

시료액 2.0mℓ를 시험관에 넣고 resorcinol-thiourea 시약 1.0mℓ와 30% HCl 7.0mℓ를 조심스럽게 섞어 80℃로 10분간 항온수조에서 가열하고 재빨리 물로 냉각시킨다.

④ 결과 및 고찰

Ketose나 ketone을 함유하는 다당류의 경우 20초 이내에 적색으로 되고, 암갈색의 침전을 생성한다.

(1) Pinoff test

① 개요

Ketose는 α-naphthol과 반응하여 적색의 침전을 형성한다. Aldose도 반응하나 그 발색이 훨씬 늦으므로 ketose와의 판별에 이용된다.

② 시약 및 기구

10%의 당 용액, α-naphthol 용액 : α-naphthol 5g을 96% alcohol 100mℓ에 녹인다, ethanol-H_2SO_4 용액 : H_2SO_4 75mℓ를 96% alcohol 20mℓ에 혼합한다, 항온수조.

③ 실험방법

시료액 1mℓ에 ethanol-H_2SO_4 용액 10mℓ를 가하고, 여기에 α-naphthol 용액 0.2mℓ를 가하여 끓는 수조에서 2분간 가열한다.

④ 결과 및 고찰

Ketose를 함유하는 다당류가 존재하면 2분 이내에 진한 자색을 띤다.

(3) Seliwanoff test

① 개요

이 반응에서 ketose는 적색침전을 형성하나 aldose는 적색침전을 형성하지 않으므로 ketose의 검출에 이용된다.

② 시약 및 기구

1% 당 용액, Seliwanoff 용액 ; resorcinol[$C_6H_4(OH)_2$] 0.5g을 묽은 HCl(1:2) 1L에 용해시킨다. 항온수조

③ 실험방법

Seliwanoff 용액 3mℓ와 시료액 1mℓ를 시험관에 취하여 끓는 수조에서 가열한다.

④ 결과 및 고찰

가열한 시험관이 적색을 나타낼 때 ketose 양성반응이다.

(4) Diphenylamine test

① 개요

Ketose와 pentose는 산성하에서 diphenylamine과 반응하여 발색하므로 이 반응을 이용하여 aldose와 구별할 수 있다.

② 시약 및 기구

1% 당 용액, diphenylamine 용액 ; 무수 alcohol에 diphenylamine을 녹여 20% 용액을 만든다. HCl, 항온수조

③ 실험방법

시료액 1mℓ에 diphenylamine 용액 10방울과 HCl 1mℓ를 가하여 끓는 수조에서 10분간 가열한다.

④ 결과 및 고찰

Ketose가 존재하는 다당류는 2분 이내에 청색을 나타내고 pentose는 적색을 나

타낸다.

★ 너무 오래 가열하면 aldohexose도 반응하여 약한 청색의 혼탁액을 만들 수 있다.

3) Hexose의 반응

(1) Chromotropic acid test

① 개요

Hydroxymethyl furfural을 황산과 가열하면 formaldehyde가 발생하며, 이것이 chromotropic acid 시약과 반응하면 자색을 띠게 되므로 hexose를 확인하는데 이용된다.

② 시약 및 기구

1% 당 용액, chromotropic acid 시약 ; 1,8-dihydroxy naphthalene-3,6-disulfonic acid 100mg을 물 1mℓ에 녹이고 15M-H_2SO_4을 가하여 50mℓ가 되게 한다.

③ 실험방법

당 시료액 1mℓ에 chromotropic acid 5mℓ를 가한다.

④ 결과 및 고찰

Hexose나 hexose를 함유하고 있는 다당류는 자색으로 변한다.

(2) Aminoguanidine test

① 개요

Hexose는 aminoguanidine 액과 $K_2Cr_2O_7-H_2SO_4$ 혼합액과 반응하여 적색을 나타낸다.

② 시약 및 기구

1% 당 용액, Aminoguanidine액 ; 2.5% aminoguanidine 황산염의 1수화물 용액, $K_2Cr_2O_7-H_2SO_4$ 혼합액 ; 1% 용액 1mℓ를 진한 H_2SO_4 100mℓ에 녹인다.

③ 실험방법

시료액 0.4mℓ와 aminoguanidine액 0.4mℓ를 혼합한 뒤 $K_2Cr_2O_7-H_2SO_4$ 혼합액 1mℓ를 가한다.

④ 결과 및 고찰

Ketohexose 또는 이것을 함유하고 있는 다당류는 바로 적색을 나타내며, aldohexose는 1분 이내에 짙은 청색이 되고, pentose는 황색을 나타낸다.

(3) Methyl-indole test

① 개요

Hexose는 산성 하에서 methyl indole 용액과 반응하여 자색을 나타낸다.

② 시약 및 기구

1% 당 용액, 3-methyl indole 용액 ; 0.5% 3-methyl indole의 알콜용액, 진한 HCl

③ 실험방법

시료액 1㎖에 진한 HCl 10㎖와 methyl indole 용액 0.5㎖를 가하고 끓는 수조에서 3분간 가열한다.

④ 결과 및 고찰

Hexose 또는 이것을 함유하고 있는 다당류는 자색을 나타낸다.

4) Pentose의 반응

(1) Orcinol-FeCl3 test(Bial-Summer test)

① 개요

Pentose나 pentose를 구성 성분으로 하는 다당류는 강산과 가열하면 furfural로 되어 정색반응을 나타낸다.

② 시약 및 기구

1% 당 용액, Bial 시약 ; Orcinol 1g을 25% HCl 500㎖에 용해시키고 10% $FeCl_3$ 용액 25방울을 가한다.

③ 실험방법

Bial 시약 4㎖를 가열하여 끓인 다음 이것에 시료액 1㎖를 가한다.

④ 결과 및 고찰

Pentose나 pentose를 구성성분으로 하는 다당류는 청록색의 침전을 형성하거나 청색을 띤다.

★ Uronic acid도 산성용액 중에서 CO_2를 방출하고 furfural을 생성하므로 uronic acid의 반응을 동시에 실시하여 그 유무를 검정할 필요가 있다.

5) 단당류와 이당류의 판별반응

(1) Barfoed test(Tauber-Kleiner 변법)

① 개요

단당류는 이 반응에서 산화제일구리의 적색 침전을 형성하나 환원성 이당류에서는 이 반응이 일어나지 않으므로 단당류와의 구별에 사용된다.

② 시약 및 기구

1% 당 용액, 항온 수조, Barfoed 시약 ; 초산동(copper acetate)66g과 빙초산 10㎖를 물에 용해하여 1L로 한 후 여과하여 사용한다.

③ 실험방법

Barfoed 시약 5㎖를 시험관에 취하여 약한 불로 가열한 후 시료액 1㎖를 가하여 10초 동안 끓는 수조에서 가열한다.

④ 결과 및 고찰

단당류를 포함한 시험관에서 Cu_2O의 적색 침전이 생긴다.

★ 시험관을 계속 가열하면 이당류와 그 외의 물질들도 환원되므로 주의해야 하며, 이 반응은 염화물이 공존할 경우 염기성 염화구리의 백색 침전을 생성시키므로 사용할 수 없다.

6) 환원당의 정성반응

(1) Fehling test

① 개요

Fehling 시험은 탄수화물의 환원성에 기초를 둔 시험법이다. Fehling 시험에 있어서 $CuSO_4$는 알칼리와 반응하여 $Cu(OH)_2$로 되고 이것이 환원성을 가진 탄수화물에 의해 환원되어 적갈색의 CuO로 변한다.

$$2Cu(OH)_2 \longrightarrow Cu_2O + H_2O + [O]$$

Fehling 시험에서는 $CuSO_4$용액(용액A)과 Na-K-tartarate의 알칼리성 용액(용액B)을 따로 만들어 두고, 시험하기 직전에 이 두 용액을 똑 같은 부피씩 취하여 섞어 쓴다.

Tartaric acid와 같은 알코올성 OH기를 가진 유기화합물은 일반적으로 2가의 구리화합물과 함께 가용성 착 화합물을 만들며, 따라서 이것을 쓰면 $Cu(OH)_2$의 용해도가 커지고 시약의 안정성도 커진다. Fehling 시험은 환원성 탄수화물을 확인하는 고전적 방법으로서 널리 이용되어 왔으나 지금은 Benedict 시험이 많이 이용되고 있다. Fehling 시약은 소변 속에 있는 요산(uric acid)과도 반응할 만큼 예민하기 때문에 소변에 포함되어 있는 포도당을 검출하는 데는 부적당하다. 또 과량의 암모니아나 암모늄염도 이 시험을 방해하는 요인이 된다.

② 시약 및 기구

1% 당 용액, test tubes, Fehling 용액A ; $CuSO_4 \cdot 5H_2O$ 35g을 물에 녹여 500 ㎖가 되게 한다. Fehling 용액B ; Rochelle(Na-K-tartarate)염 173g과 NaOH 50g을 물에 함께 녹여 500㎖가 되게 한다.

③ 실험방법

시험관에 Fehling 용액A의 일정량을 취하고 같은 부피의 용액B를 첨가한 다음 5방울 정도의 시료 용액을 넣고 끓이면서 색깔의 변화를 관찰한다.

④ 결과 및 고찰

Fehling 반응에 있어서 $CuSO_4$는 알칼리와 반응하여 $Cu(OH)_2$로 되고 이것이 환원성을 가진 탄수화물에 의해 환원되어 적갈색인 Cu_2O로 변한다. 시료액이 강한 산성일 경우 중화시킨 다음 반응시킨다. 시료액 중의 당량이 너무 작을 경우 과잉의 알칼리에 의해 당이 분해 될 수 있다.

2배 희석한 1% glucose ; 푸른색 → 황색
4배 희석한 1% glucose ; 푸른색 → 황색
10배 희석한 1% glucose ; 푸른색 → 황색

(2) Benedict test

① 개요

Benedict 시험은 Fehling 시험과는 달리 한 가지 시약을 사용하므로 편리하다.

뿐만 아니라 Benedict 시약은 Fehling 용액에 비해 알칼리성이 훨씬 약하므로 더 안정하며 환원성을 가진 탄수화물에 대하여 선택적으로 작용한다.

② 시약 및 기구

1% 당 용액, Benedict 시약 ; 173g의 sodium citrate와 무수 Na_2CO_3 90g을 600㎖의 미지근한 물에 함께 녹여 주름진 거름종이로 거른 후 거른 액에 물을 더 하여 850㎖가 되게 한 용액을 첫째 용액에 저으면서 천천히 섞어서 만든다. Test tubes, 항온수조.

③ 실험방법

시험관에 2㎖의 Benedict 시약을 취하고 시료용액 5방울을 넣어 끓는 물 속에 5분 동안 담가 둔다. 1% 포도당 용액을 2배, 4배, 10배로 묽게 한 용액에 대해서 Benedict 시험과 Fehling 시험을 실시하여 어느 시약이 환원성 탄수화물의 확인 시약으로서 더 예민한 반응을 나타내는지를 비교한다.

④ 결과 및 고찰

Benedict 시험은 탄수화물의 환원당을 정성 분석하는 실험 중의 한 가지 방법으로 환원당인 glucose의 OH기가 $CuSO_4 \cdot 5H_2O$와 반응하여 적갈색으로 변하게 되며, 환원성을 나타내지 않는 당의 경우 색깔 변화 없이 푸른색으로 원래의 색을 유지하게 된다.

2배 희석한 1% glucose ; 푸른색 → (주황빛 나는) 적갈색으로 변함
4배 희석한 1% glucose ; 푸른색 → (주황빛 나는) 연한 적갈색으로 변함
10배 희석한 1% glucose ; 푸른색 → 거의 변화가 없음

(3) Tollen's test

① 개요

암모니아성 $AgNO_3$ 용액은 당의 aldehyde와 반응하여 aldehyde를 산화시키고 자신은 환원되어 은이 석출된다. 이 은이 시험관의 벽에 거울처럼 막을 형성하므로 은거울 반응(silver mirror test)이라고도 부른다. 이 때 일어나는 반응식은 다음과 같다.

$$2NH_4OH + AgNO_3 \rightarrow Ag(NH_3)_2OH + H_2O + HNO_3$$
$$RCHO + 2Ag(NH_3)_2OH \rightarrow RCOONH_4 + 2Ag + 3NH_3 + H_2O$$

② 시약 및 기구

환원당을 포함하는 당류용액, 암모니아성 $AgNO_3$ 용액 ; 0.2N-$AgNO_3$ 용액에 2N-NH_4OH를 가하면 일단 침전이 생기지만 계속 가하여 생성되었던 침전을 녹인다. Test tubes, alcohol lamp etc.

③ 실험방법

시료액에 암모니아성 $AgNO_3$ 용액을 가한 후 서서히 가열한다.

④ 결과 및 고찰

환원당이 존재하면 가열한 시험관의 벽에 금속 은이 석출되어 은거울을 형성한다.

2. 환원당의 정량반응

1) Bertrand 법

(1) 개요

환원당은 알칼리성에서 당량에 비례하여 Cu_2O의 적색 침전을 생성하므로 이를 이용하여 환원당을 정량할 수 있다. 이 방법은 환원당이 존재하는 모든 식품에 적용할 수 있으며 전분, 자당 등의 비환원당을 포함하는 식품의 경우에는 산 분해하여 환원당액을 만들면 적용이 가능하다. 반응식은 아래와 같으며 당 용액에 $CuSO_4$와 Rochelle염의 혼합용액을 가하여 가열하면 환원당의 양에 따라 적색의 Cu_2O가 침전된다. 이 Cu_2O를 $Fe_2(SO_4)_2$ 산성용액에 녹이면 $FeSO_4$가 생성되고 이것을 $KMnO_4$로 적정하여 구리의 양을 계산한다.

$$2Cu(OH)_2 + RCHO \rightarrow Cu_2O + 2H_2O + RCOOH$$

$$Cu_2O + Fe_2(SO_4)_3 + H_2SO_4 \rightarrow 2CuSO_4 + 2FeSO_4 + H_2O$$

$$10FeSO_4 + 2KMnO_4 + 8H_2SO_4 \rightarrow 5Fe(SO_4)_3 + 2MnSO_4 + K_2SO_4 + 8H_2O$$

Bertrand표(표 3-7)를 통하여 구리의 양에 상당하는 당량(糖量)을 구한 후 시료 중 환원당 량을 산출한다.

(2) 시료조제

환원당이 0.1~1.0g 함유되도록 평취한 시료를 messflask에 넣고 증류수를 가하여 100mℓ 정도가 되게 한다. 여기에 침전이 더 이상 생기지 않을 때까지 중성 초산납 용액을 떨어뜨린 후 증류수를 가해 200mℓ로 맞춘 후 여과한다. 침전을 제거한 액에 분말상태의 $Na_2C_2O_4$을 가하여 침전된 납을 여과한 후 그 여액을 시료액으로 한다.

(3) 시약 및 기구

① $CuSO_4$ 용액(A액) ; $CuSO_4 \cdot 5H_2O$ 40g을 물에 녹여 1L로 한다.
② Rochelle염 용액(B액) ; Rochelle염 200g과 NaOH 150g을 물에 녹여 1L로 한다.
③ $Fe_2(SO_4)_3$ 용액(C액) ; $Fe_2(SO_4)_3$ 50g을 적당량의 물에 녹이고 진한 H_2SO_4 200g을 서서히 가한 후 냉각하고 다시 물을 가해 1L로 한다.
④ $KMnO_4$ 용액(D액) ; $KMnO_4$ 5g을 물에 녹여 1L로 만들고 적색병에 2일간 실온에 방치한 후 glass filter로 여과하여 사용한다.
⑤ 중성 초산납 용액 ; $Pb(CH_3COO)_2 \cdot 3H_2O$ 50g을 물 100mℓ에 용해시킨 후 여과하여 사용한다.
⑥ 아린(Allihn)관, 흡인여과기, 수산암모늄, 진한황산

(4) 실험방법

시료용액 20mℓ를 삼각플라스크에 넣고 Bertrand A액과 B액을 각각 20mℓ씩 가하여 정확하게 3분간 끓인다. 이를 냉각시키고 상등액은 Allihn관에서 흡인 여과한다. 더운물로 적색 침전을 씻은 후 그 상등액을 다시 흡인 여과하는 조작을 3~4회 반복한다. Bertrand C액 20mℓ를 침전물이 담긴 삼각플라스크에 가하여 침전을 녹이고 이 액을 Allihn관에 3~4회 나누어 여과하여 침전물을 완전히 녹인다. 더운물을 이용하여 Allihn관을 씻은 후 이를 Bertrand D액으로 적정한다.

담적자색이 될 때까지 소요된 Bertrand D액의 양(mℓ)으로부터 구리의 양을 산출한다. $KMnO_4$ 용액의 역가(f)는 수산암모늄 결정 일정량을 물에 용해한 후 진한 황산 1~2mℓ를 가하여 수조에서 가열하고 미적색이 나타날 때까지 $KMnO_4$ 용액으로 적정하여 구한다.

표 3-7 Bertrand 당류 정량표

당류 (mg)	각 당류에 상당하는 총 중량(mg)					당류 (mg)	각 당류에 상당하는 총 중량(mg)				
	전화당	포도당	갈락토오스	맥아당	유당		전화당	포도당	갈락토오스	맥아당	유당
10	20.6	20.4	19.3	11.2	14.4	**56**	105.7	105.8	101.5	61.4	76.2
11	22.6	22.4	21.2	12.3	15.8	**57**	107.4	107.4	103.2	62.5	77.5
12	24.6	24.3	23.0	13.4	17.2	**58**	109.2	109.3	104.9	63.5	78.8
13	26.5	26.3	24.9	14.5	18.6	**59**	110.9	111.1	106.8	64.6	80.1
14	28.5	28.3	26.7	15.1	20.0	**60**	112.6	112.8	108.3	65.7	81.4
15	30.5	30.2	28.6	16.7	21.4	**61**	114.3	114.5	110.0	66.8	82.7
16	32.5	32.2	30.5	17.8	22.8	**62**	115.9	116.2	111.6	67.9	83.9
17	34.5	34.2	32.3	18.9	24.2	**63**	117.6	117.9	113.3	68.9	85.2
18	36.4	36.2	34.2	20.0	25.6	**64**	119.2	119.6	115.0	70.0	86.5
19	38.4	38.1	36.0	21.1	27.0	**65**	120.9	121.3	116.6	71.1	87.7
20	40.4	40.1	37.9	22.2	28.4	**66**	122.6	123.0	118.3	72.2	89.0
21	42.3	42.0	39.8	23.3	29.8	**67**	124.2	124.7	120.0	73.0	90.3
22	44.2	43.98	41.6	24.4	31.1	**68**	125.9	126.4	121.7	74.0	91.6
23	46.1	45.8	43.4	25.5	32.5	**69**	127.5	128.1	123.3	75.4	92.8
24	48.0	47.7	45.2	26.6	33.9	**70**	129.2	129.8	125.0	76.5	94.1
25	49.8	49.6	47.0	27.7	35.2	**71**	130.8	131.4	126.6	77.6	95.4
26	51.7	51.5	48.9	28.9	36.6	**72**	132.4	133.1	128.3	78.6	96.9
27	53.6	53.4	50.7	30.3	38.0	**73**	134.0	134.7	130.0	79.7	98.0
28	55.5	55.3	52.5	31.1	39.4	**74**	135.6	136.3	131.5	80.8	99.1
29	57.4	57.2	54.4	32.2	40.7	**75**	137.2	137.9	133.1	81.8	100.4
30	59.3	59.1	56.2	33.3	42.1	**76**	138.9	139.6	134.8	82.9	101.7
31	61.1	60.9	58.0	34.4	43.4	**77**	140.5	141.2	136.4	84.0	102.9
32	63.0	62.8	59.7	35.5	44.8	**78**	142.1	142.8	138.0	85.1	104.2
33	64.8	64.6	61.5	36.5	46.1	**79**	143.7	144.5	139.7	86.1	105.4
34	66.7	66.5	63.3	37.6	47.4	**80**	145.3	146.1	141.3	87.2	106.7
35	68.5	68.3	65.0	38.7	48.7	**81**	146.9	147.7	142.9	88.3	107.9
36	70.3	70.1	66.8	39.8	50.1	**82**	148.5	149.3	144.6	89.4	109.2
37	72.2	72.0	68.6	40.9	51.4	**83**	150.0	150.9	146.2	90.4	110.4
38	74.0	73.8	70.4	41.9	52.7	**84**	151.6	152.5	147.8	91.5	111.7
39	75.9	75.7	72.1	43.0	54.1	**85**	153.2	154.0	149.4	92.6	112.9
40	77.7	77.5	73.9	44.1	55.4	**86**	154.8	155.6	151.1	93.7	114.1
41	79.5	79.3	75.6	45.2	56.7	**87**	156.4	157.2	152.7	94.8	115.4
42	81.2	81.1	77.4	46.3	58.0	**88**	157.9	158.3	154.0	95.8	116.6
43	83.0	82.9	79.1	47.4	59.3	**89**	159.5	160.4	156.0	96.9	117.9
44	84.5	84.7	80.8	48.5	60.6	**90**	161.1	162.0	157.6	98.0	119.1
45	86.5	86.4	82.5	49.5	61.9	**91**	162.6	163.6	159.2	99.0	120.3
46	88.2	88.2	84.3	50.6	63.3	**92**	164.2	165.2	160.8	100.1	121.6
47	90.0	90.0	86.6	51.7	64.6	**93**	165.7	166.7	162.4	101.1	122.8
48	91.8	91.8	87.7	52.8	65.9	**94**	167.3	168.3	164.0	102.2	124.0
49	93.6	93.6	89.5	53.9	67.2	**95**	168.8	169.9	165.6	103.2	125.2
50	95.4	95.4	91.2	55.0	68.5	**96**	170.3	171.5	167.2	104.2	126.5
51	97.1	97.1	92.9	56.1	69.8	**97**	171.9	173.1	168.8	105.3	127.7
52	98.8	98.9	94.6	57.1	71.1	**98**	173.4	174.6	170.4	106.3	128.9
53	100.6	100.6	96.3	58.2	72.4	**99**	175.0	176.2	172.0	107.4	130.2
54	102.2	102.3	98.0	59.3	73.7	**100**	176.5	177.8	173.6	108.4	131.4
55	104.0	104.0	99.7	60.3	74.9						

(5) 결과 및 고찰

$KMnO_4$ 용액 1㎖에 상당하는 구리의 양(㎎), 즉 $KMnO_4$ 용액의 역가 f는

$$f = \frac{\text{수산암모늄의 중량(㎎)} \times 0.08951}{KMnO_4\text{의 적정량(㎖)}}$$

침전된 구리의 량은 다음 식으로 계산된다.

$$Cu(㎎) = V \times f$$

V : $KMnO_4$ 용액 적정량(㎖)
f : $KMnO_4$ 용액 역가

Bertrand표(표3-7)로부터 구리의 양에 상당하는 당량(㎎)을 구하고 환원당 양은 다음 식으로 계산된다.

$$\text{환원당(\%)} = \frac{A \times D}{S} \times 100$$

A : Bertrand 표에서 구한 당량(糖量)(㎎)
D : 희석배수
S : 시료량(㎎)

★ 지방질이 많은 시료는 ether로 탈지하고 산성시료는 K_2CO_3로 중화한다.
★ Bertrand표는 실험적으로 얻어진 수치이므로 당량과 비례하지 않는다. 따라서 시료중의 당량, 가열 및 처리하는 시간, 적정방법 등에 세심한 주의를 하여야 한다.
★ Bertrand표에서 구리량에 상당하는 환원당이 없으면 비례 배분하여 계산한다.

2) Somogyi 법

(1) 개요

이 법은 주로 미량의 당을 정량할 때에 사용된다. 구리 시약중의 $CuSO_4$는 알칼리성에서 환원당과 가열하면 당의 aldehyde기나 Ketone기에 의해 환원되어서 산화제일구리(Cu_2O)의 적색침전을 생성한다. 냉각 후 반응액에 KI 용액을 가하고

이어 황산에 의하여 산성이 되면 구리시약에 앞서 가해져 있던 KIO_3가 KI와 반응하여 I_2를 생성한다. 환원당과의 반응에서 생성된 Cu_2O는 이 I_2에 의해 산화되고 I_2는 I－로 환원된다. 잔존 I_2를 $Na_2S_2O_3$용액으로 적정하여 이 적정치와 공시험치와의 차이가 당량(糖量)에 대응하는 소비량이 된다.

$$Cu(OH)_2 + R{\cdot}CHO \rightarrow Cu_2O + H_2O + R{\cdot}COOH$$

$$KIO_3 + 5KI + 3H_2SO_4 \rightarrow 3I_2 + 3K_2SO_4 + 3H_2O$$

$$Cu_2O + H_2SO_4 \rightarrow 2Cu^+ + SO_4^{2-} + H_2O$$

$$2Cu^+ + I_2 \rightarrow 2Cu^{2+} + 2I^-$$

$$I_2(\text{잔존}) + 2Na_2S_2O_3 \rightarrow Na_2S_4O_6 + 2NaI$$

$Na_2S_2O_3$의 소비량과 당량(糖量)과는 비례관계를 나타내지만 당의 종류에 따라 환원력의 차이가 있으므로, 당의 종류에 따라서 구하여 놓은 계수를 곱하면 환원당량이 산출된다.

(2) 시료조제

Bertrand 법과 같이 조제한다.

(3) 시약 및 기구

① 구리시약 : 제이인산나트륨($Na_2HPO_4{\cdot}12H_2O$) 71g, 주석산칼륨나트륨($KNaC_4H_4O_6{\cdot}4H_2O$) 40g을 400mℓ의 물에 녹인 다음 1N NaOH 용액 100mℓ를 가하여 흔들어 섞으면서 액면까지 달하는 깔때기를 사용하여 황산동 용액($CuSO_4{\cdot}5H_2O$ 10g을 물에 녹여 100mℓ로 한 것) 80mℓ를 가한다. 여기에 황산나트륨($Na_2SO_4{\cdot}10H_2O$) 410g을 가하여 녹인 다음 1N KI 용액 25mℓ를 가하고 물을 첨가하여 1L로 만든다. 이것을 1~2시간 방치한 다음 여과하여 갈색병에 보관한다.

② 2.5% KI 용액 : KI를 물에 녹여 2.5% 용액을 만든 다음 미량의 Na_2CO_3 용액을 이용하여 알칼리성으로 만든다.

③ 0.005N $Na_2S_2O_3$ 용액 : 티오황산나트륨($Na_2S_2O_3{\cdot}5H_2O$) 약 25~26g을 10% NaOH 용액 2mℓ와 물을 가해 전량을 1L로 하여 0.1N의 원액을 만들고, 사용시 원액을 20배로 희석하여 사용한다.

④ 전분지시약 : 가용성 전분 1g을 냉수 20mℓ에 현탁하고 더운 물 60mℓ를 가

하여 2분간 끓인 다음 NaCl 20g을 첨가하여 용해하고 방냉하여 100㎖로 정용한다.

⑤ 마개 있는 시험관(cap tube) : 25mm × 200mm, 뷰렛

(4) 실험방법

시료액 및 바탕시험의 대조액(증류수) 5㎖를 각 시험관에 취하여 구리시약 5㎖를 각각 가하고 마개를 한 후 강하게 끓는 수조에서 15분간 가열한다. 찬물로 식힌 후 KI용액 2㎖를 천천히 넣고, 이어 2N H_2SO_4 용액 1.5㎖를 빨리 넣고 흔들어 섞어 침전을 완전히 녹인다. 5분 후 석출한 I2를 0.005N $Na_2S_2O_3$ 용액으로 적정하며, 액이 담황색으로 변하였을 때 전분 지시약 2방울을 가하여 보라색이 없어지는 점을 종말점으로 한다.

(5) 결과 및 고찰

대조액의 적정치로부터 시료액의 적정치를 뺀 소비 I2량이 생성된 Cu^+ 이온에 상당하며, 이 양은 환원당의 존재량에 비례한다. 환원당의 양은 다음과 같이 계산한다.

$$당량(\%) = \frac{(B-A) \times f \times D \times 1.55}{S} \times 100$$

A : 시료액의 적정값(㎖)
B : 대조액의 적정값(㎖)
f : 0.005N $Na_2S_2O_3$ 액의 역가
D : 희석배수
1.55 : 0.005N $Na_2S_2O_3$ 1㎖ = glucose(mg/5㎖)
S : 시료량(g)

3. 크로마토그래피를 이용한 당 조성 분석

1) HPLC를 이용한 당 분석

(1) 개요

단당류 혼합물의 조성 분석을 위한 방법으로 HPLC와 GC를 이용한 방법이 가장 널리 이용되고 있다. HPLC를 이용한 분석법은 GC를 이용한 분석법에 비하여 감도 및 분리도가 상대적으로 낮으나 유도체 처리 등의 전처리 조작 없이 신속히 정량 할 수 있는 장점이 있다.

(2) 시료조제

액체가 아닌 시료는 용매로 우선 추출하여야 하는데 이 때 사용하는 용매는 시료내의 모든 당을 추출할 수 있어야 하고, 방해물질의 추출은 최소화하여 한다. 일반적인 시료의 경우는 시료 일정량을 80% ethanol 용액으로 추출하여 일정농도로 정용하여 0.45㎛ filter로 정밀 여과한 후 HPLC 분석 시료로 이용한다. 그러나 시료에 따라서 유기용매, 이온교환수지 또는 Sep-Pak catridge등을 이용하여 방해물질을 제거하여야 한다. 또한 이동상 용매는 흡입용매여과장치 및 ultrasonicator 등을 이용하여 degasing하여야 한다.

(3) 시약 및 기구

혼합표준용액(1㎎/㎖) : 표준당(glucose, fructose, mannose, maltose 등)을 각각 100㎎씩을 100㎖의 증류수에 녹여 표준용액으로 한다. HPLC 및 RI detector, HPLC column(Aminex HPX-87C, 300×7.8mm) 및 column 온도 조절장치, 이동상 용매 : HPLC용 증류수, 탈기장치.

(4) 실험방법

HPLC에 column을 연결한 후 먼저 이동상 용매(HPLC용 증류수)를 서서히 흘리면서 유속(0.6㎖/min) 및 column의 온도(85℃)를 설정하여 column 및 detector를 안정시킨다. 안정화 된 후에 먼저 표준용액 20㎕를 주입하여 Chromatogram의 분리정도를 확인한 후 시료를 분석한다. (그림 3-7).

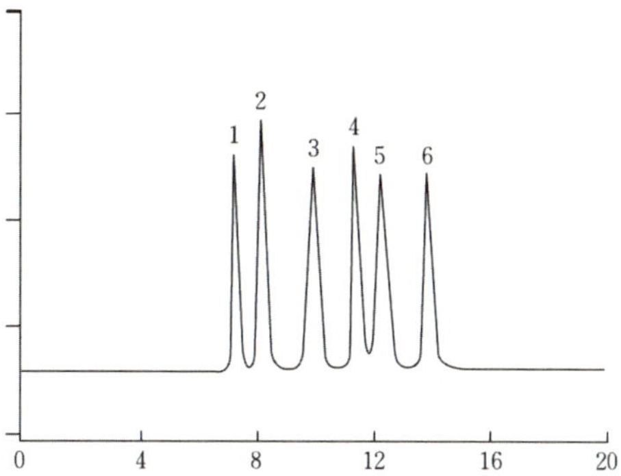

1. Melezitose, 2. Maltose, 3. Glucose, 4. mannose, 5. Fructose, 6. Adonitol(Ribitol)

그림 3-7 탄수화물의 HPLC chromatogram

(5) 결과 및 고찰

구성당의 확인은 표준혼합용액과의 retention time을 비교하여 확인하고 정량은 표준 혼합용액으로부터 검량 곡선을 먼저 구한 후 시료 용액중의 당의 농도(mg/mℓ)를 구하여 다음 식에 따라 산출한다.

$$당함량(\%) = \frac{A \times D}{S} \times 100$$

A : 검량 곡선으로부터 구한 시료 중의 당류 농도(mg/mℓ)
D : 희석 배수
S : 시료의 채취량(mg)

HPLC를 이용한 당 조성의 분석은 매우 다양한 분석방법이 개발되어 있다. 이는 하나의 방법이 모든 시료에 적용되지는 않음을 의미한다. 따라서 각 실험자는 시료의 특성을 잘 검토하여 가장 적합한 조건을 선정하여야 한다.

(6) 참고문헌

Macrae, R. : High performance liquid chromatography. In *Analysis of Food Carbohydrate*, Birch, G.G. (Ed.), Elsevier Applied Science Publishers. p.61(1985)

Chaplin, M.F. : High performance liquid chromatography. In *Carbohydrate analysis*, Chaplin, M.F. and Kennedy, J.F. (Ed.), IRL Press, p.15(1986)

2) GC를 이용한 당 분석

(1) 개요

GC를 이용한 당 분석법은 HPLC법과 더불어 가장 널리 이용되는 방법이며, HPLC법에 비하여 분리능이 뛰어나며 감도가 높아 미량시료 및 복잡한 조성으로 이루어진 당의 분석에 주로 이용된다. 그러나 당을 GC로 분석하기 위해서는 우선 휘발성 유도체화 조작이 요구된다. 유도체화 방법으로는 여러 가지 방법이 보고 되고 있으나 이 중 alditol acetate 방법이 가장 널리 이용되고 있는 방법 중의 하나이다. 즉 단당류인 aldose를 alditol로 환원시킨 후 다시 acetylation하여 alditol acetate로 유도체화 한다. alditol acetate의 peak는 다른 GC유도체 방법에 비하여 비교적 조작이 간단하고 재현성이 우수하며 정량분석에 적합하다.

(2) 시료조제

다당류인 시료는 먼저 TFA(Trifluoroacetic acid), HCl, H_2SO_4 등의 무기산을 이용하여 단당류로 가수분해한다. 가수분해액 또는 단당류 혼합액 0.2㎖를 시험관에 넣고 내부표준물질인 myo-inositol과 0.26M $NaBH_4$(1M 암모니아 용액에 녹임)용액 0.1㎖을 첨가하여 1시간 동안 실온에서 환원시킨다. 과잉의 $NaBH_4$는 acetic acid를 가하여 분해시킨 후 N_2 gas로 건조한다. Methanol을 첨가하여 교반한 후 N_2 gas로 휘발시키는 조작을 2회 되풀이하여 잔류 boric acid를 제거한다. 잔사에 acetic anhydride와 pyridine을 각각 0.2㎖ 씩을 첨가하여 120℃에서 20분간 가열하여 아세틸화시킨다. N_2 gas로 휘발시킨 후 dichloromethane 1㎖에 용해시켜 증류수로 2회 세척하고 dichloromethane 층만을 회수하여 -20℃에 저장하여 두고 GC분석 시료로 이용한다.

(3) 시약 및 기구

① 내부표준물질(myo-inositol)

② 표준시약(rhamnose, fructose, ribose, arabinose, xylose, mannose, galactose, glucose etc.)

③ Gas chromatograph, FID detector, Integrator, Syringe(GC용)

④ Capillary column : SP-2380(0.25mm i.d. × 30m, film thickness : 0.2㎛)

⑤ $NaBH_4$, Acetic anhydrous, Pyridine, Dichloromethane, Acetic acid, Ammonia soln.

⑥ N_2 gas, Heating block, 시험관

(4) 실험방법

Column을 연결한 후 carrier gas(He, 11psi) 및 make up gas(H_2 and air)를 흘리면서 column oven(230℃), injector 와 detector(265℃)의 온도를 올린다. 온도가 적정 온도에 도달하면 detector를 켜서 안정화시킨다. Detector가 안정화되면 온도 program[230℃(10min), 2.5℃/min, 265℃(10min)]을 설정한 후 혼합표준시료를 1㎕ 주입하여 chromatogram을 보고 분리도를 확인한 후 시료를 분석한다(그림 3-8).

(5) 결과 및 고찰

구성당의 확인은 표준물질과의 retention time을 비교하여 확인한다. 정량은 가로축에는 내부표준물질에 대한 표준물질의 중량비를, 세로축에는 내부표준물질 peak면적에 대한 표준물질의 peak면적을 나타낸 검량선을 작성하여 시료의 당 조성을 산출한다. Alditol acetate로 유도체화 한 본 방법에서는 xylose와 arabinose, glucose와 gluose, altrose와 talose가 동일한 alditol로 환원된다. 또한 ketose는 입체 특이적으로 환원되지 않아 D-fructose는 D-glucitol과 D-manitol로, D-sorbose는 D-glucitol과 D-iditol로 변환되므로 주의해야 한다.

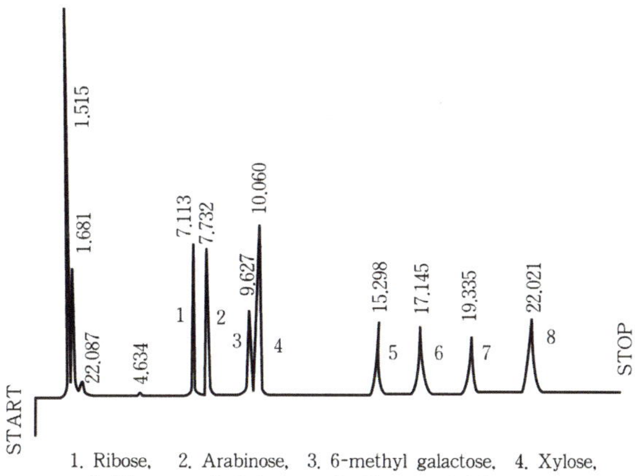

1. Ribose, 2. Arabinose, 3. 6-methyl galactose, 4. Xylose, 5. Mannose, 6. Galactose, 7. Glucose, 8. Myo-inositol

그림 3-8 탄수화물의 GC chromatogram

(6) 참고문헌

Macrae, R. : Gas-liquid chromatography. In *Analysis of Food Carbohydrate*, Birch, G.G. (Ed.), Elsevier Applied Science Publishers. p.91(1985)

Chaplin, M.F. : Gas-liquid chromatography. In *Carbohydrate analysis*, Chaplin, M.F. and Kennedy, J.F. (Ed.), IRL Press, p.23(1986)

4장 식품의 무기성분 분석

1. 시료의 분해방법

무기질은 식품을 구성하고 있는 주요한 유기물의 구성원소인 탄소, 수소, 질소 및 산소를 제외한 모든 원소를 말하며, 약 100가지 정도가 된다. 이러한 일면에서 유기질과 무기질이 다량 공존하여 다성분계를 이루고 있는 식품에서 무기질을 정량하기 위해서는 반드시 유기질을 분해시켜 제거한 후 무기질만 남아있는 시료를 조제하여야 한다. 무기질을 분석하기 위한 전처리법은 크게 고온(550~600℃)에서 유기물을 연소, 회화하는 방법인 건식법(dry ashing)과 강산의 혼합물 중에서 가열분해하는 습식법(wet ashing)으로 나눈다. 전처리한 용액은 원자흡수분광광광도계(AAS ; atomic absorption spectrometer) 또는 유도결합플라즈마분광계(ICP ; inductively coupled plasma atomic emission spectrometer) 등과 같은 기기분석이나, 기타 화학적인 분석방법으로 무기성분을 분석한다.

표 3-8 무기성분의 분석을 위한 전처리 방법(습식법, 건식법)의 비교

습식법(wet ashing)	건식법(dry ashing)
분해온도가 낮다	분해온도가 높다.
무기성분의 손실이 적다	무기성분의 손실이 많다.
소요시간이 짧다	소요시간이 길다.
작업이 번거롭다	작업이 간단하다.
건식법으로 전처리하기 곤란한 식품(난류, 육류, 어류 등의 주로 단백식품) 등에 주로 적용되지만, 지질, 탄수화물이 많은 식품은 적당치 못하다.	식물성 식품, 유제품, 음료 등에 주로 적용한다.
강산을 분해액으로 사용한다.	분해액을 임의의 산도로 조절할 수 있다.
산화제로부터 오염의 위험이 크다.	오염의 위험이 적다.
전처리 비용이 많이 든다.	전처리 비용이 적게 든다.
회분의 정량을 동시에 할 수 없다.	회분의 정량이 동시에 된다.

1) 건식분해법

(1) 개요

식품을 550~600℃의 고온에서 회화시키는 경우, 염소와 같은 일부의 무기성분이 소실되면서 탄산염이 잔존하여 탄소 및 질소와 같은 유기물이 남기도 하나, 대부분의 잔존성분은 무기성분으로 이루어져 있다. 따라서 건식회화법의 경우도 강산으로 유기성분을 분해시켜 제거하는 습식법과 더불어 무기질 분석을 위한 전처리 방법으로 많이 사용되고 있다. 그러나 550℃ 이상의 고온에서 강한 수은의 경우에는 측정이 불가능하고 또한 비교적 낮은 온도에서 휘발하는 납과 같은 무기물의 분석 시 결과 값의 오차가 생길 수 있다.

(2) 시약 및 기구

① 분석에 사용되는 시약은 모두 G.R급 이상의 시약을 사용해야 한다. 특히 해수의 분석 시에는 초특급 시약을 사용해야 한다. 다만 세척에 사용되는 산은 비교적 낮은 순도의 것을 사용해도 된다.

② 질산용액 : 질산과 증류수를 1:1, 2:1 및 4:1로 적절히 희석하여 사용한다.

③ 무기질 표준용액(100㎖/L) : 분석하고자 하는 무기질의 표준품을 필요에 따라 적당히 희석하여 사용한다.

④ 여과지 : Toyo No. 6. 또는 No. 5B의 것을 사용한다.

⑤ 회분도가니(crucible)

⑥ 전기회화로(electric furnace)

⑦ 수조(water bath)

⑧ 건조기(dry oven)

⑨ 정용플라스크(mass flask or volumetric flask)

⑩ 원자흡수분광광도계(AAS ; atomic absorption spectrometer) 또는 유도결합플라즈마 분광계(ICP ; inductively coupled plasma atomic emission spectrometer)

(3) 실험방법

① 시료를 도가니 또는 백금접시에 일정량(건조물로서 5~20g에 상당하는 량)을 취한다.

② 채취시료를 105℃ 건조기에서 예비 건조한다(단 예비건조는 수분이 많은 시료의 경우에 한하여 실시한다).

③ 건조시료를 회화(450~550℃)한다. 이때 회화가 잘 되지 않으면 일단 식혀 산용액(물로 1:1로 희석) 또는 50% 질산마그네슘 용액 2~5㎖로 적

시고 건조한 다음 회화를 계속한다. 다만, 회화보조제로서 염산, 산화마그네슘, 탄산나트륨 등을 사용해도 좋으나 Sn의 시험에 있어서는 질산염 또는 질산을 사용해서는 안되며, 그 밖의 금속의 경우에도 시험조작에 영향이 없을 때에만 사용하되 공시험용액에 대해서도 같은 조작을 하여 시험용액을 보정한다.

④ 회화시료를 실온에서 냉각한다.

⑤ 냉각된 시료를 분말이 흩날리지 않도록 주의하면서 증류수로 적신다.

⑥ 이어서 염산용액(염산:증류수=2:1) 또는 질산용액(질산:증류수=2:1) 2~4 mℓ를 가한다.

⑦ 질산처리시료를 수욕상 또는 건조장치에서 건조한 다음 염산(염산:증류수=4:1) 약 5mℓ와 증류수 10mℓ를 가하여 용해시킨다.(단 각 시험법에서 지정한 용매가 있을 경우에는 그대로 따라 한다. 예, 원자흡수분광법에서 직접법의 경우 Sn은 1N-HCl, 그 밖의 금속은 0.5N-HNO_3를 가하여 용해시킨다.)

⑧ 용해물에서 불용물이 있으면 여과한다. (No. 6)

⑨ 여과물을 일정량으로 정용하여 시험용액으로 한다.

2) 습식분해법

(1) 개요

습식법은 시료를 진한 질산, 황산 등과 같은 강산으로 가열하여 유기질을 제거하고 무기질만 잔존하도록 하는 방법으로 시료를 조제하여 기기분석 또는 화학분석으로 목적 무기성분을 분석하는 조작방법을 말한다. 습식회화법의 경우에는 수은과 비소를 제외한 대부분의 무기질을 분석할 수 있으나, 분해 시 산이 비등하거나 산을 추가로 보충해야 하는 등의 전처리 과정에서 세심한 주의를 요한다.

(2) 시약 및 기구

① 분석에 사용되는 시약은 모두 G.R급 이상의 시약을 사용해야 한다. 특히 해수의 분석시에는 초특급 시약을 사용해야 한다. 다만 세척에 사용되는 산은 비교적 낮은 순도의 것을 사용해도 된다.

② 0.2N 질산용액 : 질산의 농도는 14N이므로, 1N-HNO_3 1000mℓ를 만들기 위해서는 14.2mℓ의 질산을 1000mℓ volumetric flask에 넣고 초순수로 표

선까지 채우면 된다.

③ 무기질 표준용액(100ml/L) : 분석하고자 하는 무기질의 표준품을 필요에 따라 적당히 희석하여 사용한다.

④ 경질유리 : 우선 세제를 이용하여 내부와 외부를 잘 세척한다. 세척한 후 수돗물로 세제가 남아 있지 않도록 3~4회 헹군다. 이를 증류수로 다시 씻는다. 2N 산용액(염산, 질산)에 하룻밤 이상 담가둔다. 산을 비우고 증류수로 3회 세척한다. 초순수로 다시 3회 세척한 다음 사용한다.

⑤ 피펫 : 시약을 분주할 때 정밀도가 높은 피펫을 사용하여야 하며, 교차 오염을 방지하기 위하여 일회용 피펫 팁을 사용한다.

⑥ 정용플라스크(mass flask or volumetric flask)

⑦ 유리여과기(0.45㎛, GF/C)

⑧ 원자흡수광도계(AAS ; atomic absorption spectrometcr) 또는 유도결합플라즈마분광계(ICP ; inductively coupled plasma atomic emission spectrometer)

(3) 실험방법

① 시료를 250㎖ 삼각플라스크에 일정량(건조물로서 1g, 생물로서 10g 이상)을 취한다.

② 질산(20㎖)을 가한 다음, 뚜껑을 닫는다.

③ 급격한 반응이 일어나지 않도록 실온에서 방치(12시간 이상 반응)한다.

④ 가열(100℃, 24시간 이상)을 노란색의 맑은 용액이 될 때까지 실시한다. 이 때 급격한 반응이 일어나 끓으면 즉시 열판에서 내려놓는다.

⑤ 반응이 끝나면 삼각플라스크에서 뚜껑을 열고 산을 증발시킨다.

⑥ 다시 20㎖의 질산을 넣고 산이 완전히 증발할 때까지 재반응시켜 유기질을 제거한다.

⑦ 재반응 후 열판에서 분리한다.

⑧ 0.2N 질산용액을 20㎖ 가하여 24시간동안 재용출시킨다.

⑨ 시료용액을 여과(0.45㎛, GF/C)하고, 일정량으로 정용한다.

2. 원자흡광분광광도계법

원자흡광분광광도계(AAS ; atomic absorption spectrometer)법은 시험용액 중의 금속원소를 적당한 방법으로 해리시켜 원자를 증기화시킨다. 이렇게 하여 생성된 기저상태의 원자는 그 원자증기를 통과하는 빛으로부터 특정 파장의 빛을 흡수한다. 따라서 원자흡광분광광도계법은 특정한 무기원소를 분석하기 위하여 우선 특정 파장에서 표준시료용액의 흡광도를 측정하고 시험용액의 흡광도를 측정하여 흡광도를 서로 비교하여 무기원소의 농도를 구하는 방법을 적용한다. 검체를 원자화하는 일반적인 방법은 화염방식과 무염방식이 있다. 화염원자흡광법은 Zn, Cd, Cu, Pb, Mn, Ni, Co, Sn, Fe 등을, 무염원자흡광법은 이들 원소와 Sb, Cr, Bi, As, V, 및 Be 등의 측정에 사용된다. 그러나 원자흡광분광광도계법은 개개의 특정 파장을 내는 광원램프가 있으므로 스펙트럼 및 파장방해가 비교적 적으나, 한정된 농도범위에서만 흡광도와 농도가 직선성을 가진다는 단점이 있다.

1) 검량선 작성

① 분석하고자하는 무기성분의 표준용액을 준비한다. AAS로서 구리를 분석하고자 하는 경우, 구리의 측정한계가 5mg Cu/L이므로, 표준용액을 5mg/Cu/L 농도로 희석하여 부 표준용액으로 한다. 이 부 표준용액을 이용하여 0.04, 0.10, 0.20, 0.40mg Cu/L 등의 표준용액을 만들 경우, 25mℓ 용량플라스크에 각각 0.20, 0.50, 1.0, 2.0mℓ의 부표준용액을 피펫으로 정확히 넣은 다음, 표선까지 1N 질산용액을 채워 만든다.

② 준비된 부표준용액과 바탕용액(1N 질산용액)을 AAS 또는 ICP로서 분석한다. 단 바탕용액과 표준용액은 각 농도별로 2개 이상 복수로 분석하여야 한다.

③ 분석결과로서 검량선을 작성한다.

④ 시험용액을 기기로 분석하여 분석하고자 하는 무기성분의 함량을 계산한다.

그러나 최근에는 기기의 발달로 컴퓨터에 의해 자동으로 함량이 구하여지기도 한다.

2) 분석조건

분석하고자 하는 무기성분의 종류는 약 100가지 정도이다. 표 3-9는 일반적으로 자주 분석하는 몇 종의 분석조건을 나타낸 것이다.

표 3-9 원자흡수분광계를 이용한 무기질의 분석조건

조 건	K	Mg	Ca	Na	Cd	Cu	Pb	Zn	Hg
Wave length(nm)	766.5	285	422.7	589	228.6	324.6	283.2	213.8	253.6
Lamp current(mA)	20	10	10	20	8	10	10	10	6
En-Ex slit(mm)	2.2	2.2	2.2	2.2	2.2	2.2	2.2	2.2	2.2
Air flow(L/min)	15	15	15	15	14	14	14	14	-
Acetylene flow(L/min)	3	3	3	3	2.5	2.5	2.5	2.5	-
Burner height(mm)	25	25	25	25	25	25	25	25	29
Range	-	-	-	-	10	10	10	10	2
Chard speed(mm/min)	10	20	10	10	10	10	10	10	10

3) Na 및 K의 분석법

(1) 개요

나트륨을 분석하기 위해서는 종래에는 다른 무기성분과 마찬가지로 탄화 후 시료용액을 조제하는 방식을 채택하였으나, 도자기제나 유리비커 등을 사용하는 경우에는 이들 용기로부터 나트륨의 혼입을 막기 어렵고 이것을 방지하기 위해서는 석영이나 백금 용기의 사용이 필요했다. 그러나 석영 또는 백금제의 용기는 고가여서 일반적으로 잘 사용하지 않아 오차를 일으키는 원인이 되어 왔다. 따라서 이러한 오차의 원인을 배재하고 미량의 나트륨에서부터 가공식품과 같이 다량의 나트륨을 함유하는 식품까지 정확하면서 신속한 정량법으로서 시료를 회화시키지 않고 polyethylene 용기 안에서 염산으로서 추출하여 이 추출액을 원자흡광분광광도계법으로 측정하는 방법을 응용하게 되었다. 한편 다량의 식염을 첨가한 가공식품 등에는 물을 첨가해 식염을 추출한 다음, 나트륨 이온 감응전극을 사용하는 이온농도 계산법을 이용한 측정법도 이용되고 있다.

칼륨의 분석법도 종래의 간단한 염광광도계에 의한 측정법보다도 원자흡광분광광도계법이 공존물질의 영향을 받기 어렵고, 보다 정확한 것으로 판단되고 있다. 또한 시료의 조제법도 나트륨과 마찬가지로 1% 염산용액으로 추출하는 방법이 적용될 수 있다는 사실이 명확해져 칼륨과 나트륨은 동시에 시료용액을 조제해 원자흡광분광광도계법을 이용할 수 있는 신속·간편법을 적용하게 되었다. 즉 분말시료 또는 마쇄시료를 polyet hylene병에 넣고, 1% 염산용액으로 나트륨을 추출하여 Na 농도를 0.5~2.0ppm, K의 농도를 0.5~2.0ppm으로 해서 원자흡광분광광도계법으로 측정한다.

(2) 시료조제

① 1% 염산용액 : 정밀분석용 20% 염산을 탈이온수로 20배 희석한다.

② 나트륨(칼륨)표준액 : 특급 염화나트륨(특급 염화칼륨)을 적당량 백금접시에 취해 600℃에서 3시간 가열한 다음, 황산 데시케이터 안에서 서서히 냉각시킨다. 평량 후 1% 염산용액에 용해시켜 1000ppm용액을 제조한다. NaCl 2.5419g 또는 KCl 1.9069g을 각각 용해시켜 1L로 하면, Na 1000ppm 및 K 1000ppm 용액이 된다) 사용하는 원자흡수분광계의 형식에 따라 측정용으로 Na 0.5~3.0ppm(또는 0.2~2.0ppm), K 1~10ppm(또는 0.2~2.0 ppm)의 측정용 표준용액을 조제한다.

(3) 시약 및 기구

① 100~250㎖ 용량 polyethylene 병

② 30㎖ 용량 polyethylene 병

(4) 실험방법

① 시료용액의 조제

- 알맹이 상태의 식품은 30mesh 이상으로 분쇄해서 잘 섞는다.
- 분말시료 2~5g을 정확히 무게 달아 100~250㎖ 용량의 polyethylene 병에 취해 넣고 1%염산용액 100~200㎖을 가한다.
- 실온에서 가끔 흔들어 섞어가면서 15~30분간 정치한 다음, 적정량의 상등액 (20~30㎖)을 작은 polyethylene 병에 취해서 시료용액으로 한다.(여과하는 경우는 깔대기, 수기병 모두 polyethylene 재질을 사용해야 하며, 초기의 여과액은 버린다)
- 수분함량이 많은 식품의 경우에는 잘게 썬 시료 50g을 homogenizer에 취해 탈이온수 150㎖을 가해 균질화한 다음, 그 중 20g을 250㎖ 용량의 polyethylene 병에 채취하고, 20% 정밀분석용 염산 10㎖, 탈이온수 172㎖을 가하고, 실온에서 가끔 흔들어 섞어가면서 15~30분간 정치한 다음, 적정량의 상등액(20~30㎖)을 작은 polyethylene 병에 취해서 시료용액으로 한다.

② 원자흡광분광광도계로서 측정

- 기기 조작의 상세한 부분은 장치의 설명서를 참조한다.
- 나트륨은 acethylene-air flame을 사용하며, 분석선 파장 Na 589.0nm, K 766.5nm에서 분석한다.
- 검량선법 또는 표준첨가법으로 정량한다.

3. ICP 법

유도결합플라즈마분광계(ICP ; inductively coupled plasma atomic emission spectrometer)법은 아르곤가스에 고주파를 유도결합 방법으로 걸어 방전되어 얻어진 아르곤 프라즈마레에 시험용액을 주입하여 분석하고자 하는 원소의 원자선 및 이온선의 발광광도를 측정하여 시험용액 중의 목적원소의 농도를 구하는 방법이다. ICP법은 분석하고자 하는 원소들을 동시에 신속하게 분석할 수 있고 안정성이 있으며, 원자흡광분광광도계법에서 측정하기 어려운 원소들까지도 측정이 가능하다. 그러나 ICP법은 Na, K 등의 검출한계가 원자흡광분광광도계보다는 좋지 않으며, 분석기기, 시약 및 가스 등이 고가이어서 운용경비가 많이 소요된다는 단점이 있다.

1) 검량선 작성

검량선의 작성은 원자흡광분광광도계법과 동일하고, 단지 분석을 ICP로 실시하는 것만이 다르다.

2) 분석조건

일반적으로 자주 분석하는 몇 종의 무기물질에 관한 ICP의 분석조건은 표 3-10과 같다.

표 3-10 ICP를 이용한 무기질의 분석조건

조 건	P	Mg	Ca	Cd	Cu	Pb	Zn	Hg
Wave length(nm)	213.63	279.55	393.47	214.44	324.75	220.35	213.86	257.61
PMT(V)	800	400	400	400	400	400	400	400
RF power	1.0	1.0	1.0	1.0	1.0	1.0	1.0	1.0
Plasma gas(L/min)	16	16	16	16	16	16	16	16
Carrier gas(L/min)	0.7	0.7	0.7	0.7	0.7	0.7	0.7	0.7
Auxiliary(L/min)	1.0	1.0	1.0	1.0	1.0	1.0	1.0	1.0

5장 Vitamin 분석

식품에 함유되어 있는 지용성 vitamin은 동물성 식품에는 주로 vitamin으로서 식물성 식품에서는 카로텐이나 스테린 등 vitamin의 전구체로서 존재하고 있다. 이들은 보통 지용성이며 또한 유지의 비 비누화물 중에 존재하기 때문에 식품을 용제로 추출한 후, 보통의 방법으로 비 비누화물을 추출하든지 또는 식품을 수산화나트륨과 같은 알칼리 용제를 써서 가수분해 하기도 한다. 한편 식품 중에는 각 vitamin의 정색시약에 대해 방해물질을 함유하고 있기 때문에 이런 경우에는 칼럼크로마토그래피, 박층 크로마토그래피, 또는 여지 크로마토그래피를 써서 각 vitamin을 단리하는 것이 좋다.

1. Vitamin A의 정량

Vitamin A는 carotenoid를 제외하고 retinol의 생리활성을 갖는 모든 화합물을 지칭하는 명칭이다. 근래 retinol 유도체들이 합성됨으로서 retinol의 생리활성을 가진 천연물과 합성물을 총칭하는 명칭으로 retinoid라는 용어를 사용하게 되었다.

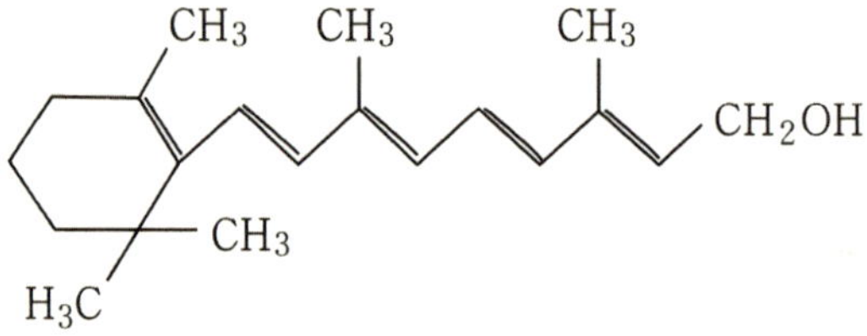

그림 3-9 Retinol

또한 대사과정을 거쳐야 비로소 vitamin A로 전환되는 물질들을 provitamin A라고 부르고 있는데, 식물성 식품에 존재하는 α-, β-carotene, 그리고 미량으로 존재하는 crytoxanthine과 γ-carotene 등이 이에 속한다. vitamin A로 대사전

환되었을 경우 이들 중 β-carotene의 활성이 가장 크지만, retinol에 비하면 1/6 정도의 활성에 불과하다. 식품의 영양적 가치를 평가하기 위해서는 vitamin A와 provitamin A에 속하는 모든 미량물질까지 정량하여야 하지만, 여기서는 retinol을 위주로 하는 vitamin A의 정량법들 중 종래의 삼염화안티몬법과 최근의 HPLC법을 위주로 함께 정리하였다.

Vitamin의 단위표시는 I.U(효력을 표시하는 국제단위)와 중량으로 표시하며 이의 관계는 다음과 같다.

1 I.U = 0.344㎍ Retinyl acetate(全 trans) = 0.3㎍ Retinol(全 trans)

1) 삼염화 안티몬에 의한 비색정량법

(1) 원리

시료를 KOH로 비누화시켜 대부분의 지질을 물에 용해시키고, 물에 용해되지 않는 retinol을 비롯한 비 비누화물을 benzene으로 추출하여 chloroform에 용해시킨 다음, 삼염화안티몬($SbCl_3$)로 발색하여 620nm에서 흡광도를 측정하고 표준용액의 검량선으로부터 retinol의 함량을 산출한다.

(2) 시약

① 무알데히드 에탄올 : Ethanol(특급) 1L에 50% NaOH 용액 5㎖ 및 아연분말 5g을 가해 약 2시간 환류시킨 후 증류한다. 단 처음과 마지막 유액 각 10%는 버린다.

② 무수황산나트륨 : 특급 무수황산나트륨(Na_2SO_4)을 2시간 이상 120℃에서 가열한 후 desiccator 중에서 방냉한 후 밀전해서 보관한다.

③ 초산 : 특급 빙초산을 그대로 사용하거나, 1급 빙초산 1L에 산화크롬(Cr_2O_3) 10g을 가하고 2회 증류하여 116℃이상의 증류액을 취한다.

④ Chloroform : Chloroform 1L를 황산 20~30㎖ 씩으로 황산층이 착색되지 않을때 까지 수차례 씻는다. 다음 물로 씻어 황산을 제거하고 15~20% NaOH 용액20~30㎖ 로 2~3회 씻는다, 여기에 탄산칼륨(K_2CO_3)을 가하여 잘 혼합한 후 냉암소에 12시간 이상 방치하여 탈수하고 증류한다. 정제한 chloroform은 갈색병에 넣어 냉동실에 보존한다.

★ 이 시약은 변질되기 쉬우므로 흡습하지 않도록 주의하고 가급적 빨리 사용하여야 한다.

⑤ 정색용액 : 특급의 삼염화안티몬($SbCl_3$) 20g을 위의 chloroform 100㎖에 녹이고 하룻밤 방치한 다음, 무수초산 2㎖를 가하고 코르크나 폴리에틸렌 마개를 하고 차광하여 상온에서 보존한다.

★ 이 시약은 흡습성이 강하고 변질되기 쉬우므로 조제 후 1주일 이내에 사용한다.

⑥ 표준 Vitamin A : vitamin A 유(油)(1g 중 vitamin A 10,000 I.U 함유)를 사용한다.

⑦ 불활성 가스 : 질소 또는 이산화탄소를 사용한다.

(3) 시험용액의 조제

① 비누화

Vitamin A로서 100~150 I.U에 상당하는 검체를 250㎖ 환저플라스크에 정확히 취하고 pyrogallol 100㎖, hydroquinon 100㎎을 가한 다음 3㎖ 이상(보통 시료와 동량)의 50% KOH용액 및 그 8배량의 무알데히드 에탄올을 가하고 환류냉각기를 달아 수욕 상에서 때때로 플라스크를 흔들어 주면서 30분간 가열하여 비누화시킨다.

② 추출

비누화가 끝난 후 플라스크를 흐르는 물에 냉각시켜 실온으로 되게 한 다음 benzene 100㎖를 정확히 가한다. 유리 마개를 하고 15초간 격렬하게 흔든다. 침전이 생기면 바닥에 침전될 때까지 방치한다. 이어서 250~300㎖의 분액깔때기에 옮기고 침전물은 플라스크에 남겨둔다. 분액깔때기에 1N-KOH 용액 100㎖를 가하여 15초간 격렬히 흔들고 방치하여 분리시킨다. 물층은 버리고 benzene층에 0.5N-KOH용액 40㎖를 가하여 진탕 혼합하고 benzene층을 분리한다. Benzene층에 phenolphthalein 시액을 몇 방울 가하고 4회 이상 물 40㎖씩으로 15초간 격렬하게 흔들어 씻어낸다.

③ 탈수

분액깔때기를 수 분간 방치하여 분리되는 물을 최대한 제거하고 산화방지제로서 소량의 디부틸히드록시톨루엔(BHT)을 가한다.

④ 용매제거

위의 benzene용액 50mℓ을 100mℓ 증류플라스크에 정확히 취하고 약 45℃의 수욕 상에서 aspirator로 감압하면서 신속하게 benzene을 제거하고, 불활성 가스로 플라스크 내부의 공기를 치환한다.

⑤ 조제

잔류물에 chloroform을 피펫으로 가하여 1mℓ 중 vitamin A가 10~20 I.U가 되도록 희석하여 일정량으로 한다.

(4) 실험방법

시험용액 3mℓ와 chloroform 0.3mℓ를 정확히 시료 셀에 취하고 정색용액 3mℓ을 가한다. 대조 셀에 chloroform 0.6mℓ를 정확히 취하고 정색용액 3mℓ를 가한 다음 약 5~20초 사이에 파장 620nm에서 흡광도를 측정한다.

① 검량선 작성

Vitamin A 10,000 I.U에 해당하는 표준 vitamin A油를 정밀히 취하고 시료의 (3)시험용액의 조제와 동일하게 처리한 다음, 최종 단계에서 chloroform으로 희석하여 100mℓ로 한다(vitamin A 50 I.U/mℓ). 이 용액 5, 10, 15, 20, 25 및 30mℓ를 각각 50mℓ 메스플라스크에 취하고 chloroform을 표선까지 가하여 각각 5, 10, 15, 20, 25 및 30 I.U/mℓ 농도의 측정용 표준용액을 만든 다음 시험용액의 조작에 따라 측정하여 검량선을 작성한다.

② 계산

시험액의 흡광도와 검량선 으로부터 구한 시험용액의 농도, N I.U/mℓ를 구한 다음, 다음 계산식에 따라 시료중의 vitamin A 함량을 계산한다.

$$\text{시료 중의 vitamin A(I.U/100g)} = N \times V \times \frac{100}{\text{검체채취량(g)}} \times 2$$

V ; "⑤ 조제"에서의 최종일정량

2) HPLC에 의한 정량법

(1) 원리

시료를 KOH로 비누화시켜 대부분의 지질을 물에 용해시키고, 물에 용해되지 않는 retinol을 비롯한 비 비누화물을 석유ether로 추출하여 isopropanol에 용해시킨 다음, 형광검출기기 부착된 HPLC로서 분석한다.

(2) 시약

① 무알데히드 에탄올 : Ethanol(특급) 1L에 50% NaOH 용액 5㎖ 및 아연분말 5g을 가해 약 2시간 환류시킨 후 증류한다. 단 처음과 마지막 유액 각 10%는 버린다.

② 무수황산나트륨 : 특급 무수황산나트륨(Na_2SO_4)을 2시간 이상 120℃에서 가열한 후 desiccator 중에서 방냉한 후 밀전해서 보관한다.

(3) 표준용액의 조제

Vitamin A acetate(Retinyl acetate)결정을 비누화시켜 vitamin A alcohol (Retinol)로 하고 국제단위(I.U) 또는 ㎍ 단위로 환산한다. 이를 isopropanol(특급)로 희석하고 각각 1.0㎖ 중 5, 25, 50 I.U가 함유되도록 한다. 이는 사용할 때 조제한다.

(4) 시험용액의 조제

Vitamin A로 20~30 I.U(6~9㎍)에 상당하는 시료를 정밀히 달아 환저플라스크에 넣는다. Ethanol 30㎖ 및 10% pyrogallol · ethanol용액 1㎖를 가하여 잘 섞은 후 50% KOH용액 3㎖를 가하고 환류냉각기를 달아 끓는 수욕조에서 30분간 비누화시킨다. 신속히 냉각하여 실온으로 한 다음 물 30㎖를 가해 갈색 분액깔때기에 옮긴다.

플라스크는 물 10㎖로 씻고 이어서 석유ether(특급) 30㎖로 씻은 후, 씻은 액은 분액깔때기에 합하여 잘 흔들어 혼합하고 방치한 후 물층을 별도의 갈색 분액깔때기에 받는다. 물층을 석유ether 30㎖씩으로 2회 추출하고 추출액은 앞의 석유ether층에 합한다. 합한 석유ether 추출물을 물 10㎖과 50㎖씩으로(Phenolphthalein 지시약으로 정색반응이 일어나지 않을 때까지) 씻어준다. 분액깔때기 중에서 물을 충분히 분리한 석유ether층을 무수황산나트륨으로 탈수하고 여과하여 석유ether층을 분리한다. 탈수에 사용한 황산나트륨은 석유ether 10㎖씩으로 2회 씻고 씻은 액은 앞의 석유ether층과 합한다. 석유ether층을 40~50℃에서 감압건고한 후 잔류물을 isopropanol(특급)으로 녹여 1.0㎖로 한 것을 시험용액으로 한다.

(5) 실험방법

① HPLC 조건

- Analytical column(분석용 칼럼) ; Reverse phase column(C18-ODS)
- Mobile Phase(이동상 용매) ; Ethanol : water (95:5, v/v)
- Flow rate(유속) ; 0.5㎖/min
- Detector(검출기) ; Fluorescence detector(여기파장 340nm, 측정파장 460nm)

② 분석

시험용액 및 각 농도별 표준용액들을 각각 20㎕씩 위 조건의 HPLC에 주입하여 측정한다. 이 결과에서 얻은 표준용액들의 피크면적들로 검량선을 작성하고, 검량선에 의하여 시험용액 중 vitamin A의 농도를 구한 후, 다음 식에 따라 시료 중의 vitamin A 함량(I.U/100g)을 산출한다.

$$\text{Vitamin A(I.U/100g)} = S \times \frac{V}{\text{시료채취량(g)}} \times 100$$

S : 시험용액 중의 vitamin A 농도(I.U/㎖)
V : 시험용액의 전량(㎖), 1.0㎖

2. Vitamin D의 정량

① 고속액체크로마토그래피에 의한 정량

㉮ 시약

Ⓐ 무알데히드에탄올 : 에탄올(특급) 1ℓ에 50% 수산화칼륨용액 5㎖ 및 아연분말 5g을 가하여 약 2시간 환류 후 증류한다. 단, 처음 및 마지막 증류액 각각 10%는 버린다.

Ⓑ 벤젠, 아세토니트릴 및 헥산 : 특급품을 증류하여 사용한다.

Ⓒ 메탄올 : 고속액체크로마토그래피용

㉯ 비타민 D 표준용액의 조제 : 비타민 D_2 또는 D_3가 1mℓ 중 4 IU(0.1μg) 함유하도록 무알데히드에탄올로 녹인다.

㉰ 시험용액의 조제

검체가 고체인 경우에는 초고속마쇄기 등으로 잘게 마쇄하여 비타민 D 2 IU(0.05μg)이상 함유한 검체를 비누화 플라스크에 정밀히 취하여 피로갈롤·에탄올(1→10)용액 40mℓ를 가하여 약하게 진탕혼합한다. 수산화칼륨(9→10) 10mℓ를 가하고, 환류냉각기를 부착하여 비등수욕 중에서 30분간 가열하여 비누화한다. 즉시 냉각하여 실온으로 되면 벤젠 100mℓ를 가하여 15초간 강하게 진탕혼합한다. 침전이 생기면 이것이 가라앉을 때까지 방치한다. 다음에 250~300mℓ 분액여두로 옮기고, 비누화용 플라스크 의 침전물은 남겨둔다(침전물을 씻어서 옮기지 말 것). 분액여두에 1N 수산화칼륨 100mℓ를 가하여 15초간 강하게 진탕혼합한다. 방치하여 분리하고(벤젠층은 투명하지 않아도 된다) 혼탁한 물층을 버린다. 벤젠층에 0.5N 수산화칼륨 40mℓ를 가하여 진탕혼합한 후 벤젠층을 적어도 물 40mℓ씩 4회 매회 15초간 격렬하게 진탕혼합하여 세척한다. 세척액이 페놀프탈레인시액으로 알칼리의 반응을 나타내지 않을 때까지 세척한다. 분액여두를 수 분간 방치하여 최후의 물 한 방울까지 분리하여 물층을 제거한다. 이 벤젠용액 80mℓ를 플라스크에 취하여 40° 이하에서 용매를 감압농축한다. 잔류물에 벤젠 5mℓ를 가하여 녹이고 이 액 4.5mℓ를 10mℓ의 공전시험관에 취하여 같은 방법으로 감압농축한다. 잔류물에 아세토니트릴·메탄올(1 : 1) 500μℓ를 정확하게 가하여 녹이고 이를 시험용액으로 한다.

㉱ 시험조작

Ⓐ 고속액체크로마토그래피 조건

㉠ 제1단계(분취용) 고속액체크로마토그래피

- 칼럼 : 역상형 칼럼(내경 7.5mm, 길이 300mm)
- 이동상 : 아세토니트릴 : 메탄올(1 : 1)
- 유속 : 2mℓ/분
- 검출기 : 자외부(UV) 검출기(254nm)

㉡ 제2단계(분석용) 고속액체크로마토그래피

– 칼럼 : 순상형 칼럼(내경 4.6mm, 길이 250mm)
– 이동상 : 0.4% 이소프로판올·헥산용액
– 유속 : 1.6㎖/분
– 검출기 : 자외부(UV) 검출기(254nm)

Ⓑ 정량시험

㉠ 제1단계(분취용) 고속액체크로마토그래피

시험용액 200㎕를 정확히 취해 제1단계 고속액체크로마토그래피에 주입하여 분획포집기로 비타민 D 획분을 분취한다(비타민 D 표준용액의 크로마토그램으로 비타민 D가 검출기에 도달하는 시간을 측정하여 피크가 검출기에 도달하는 전후 30초 동안 분액을 받을 수 있도록 예비실험으로 분석조건을 준비한다).

㉡ 제2단계(분석용) 고속액체크로마토그래피

제1단계에서 얻은 비타민 D 획분의 용매를 감압농축하여 잔류물에 0.4% 이소프로판올·헥산 200㎕를 정확히 가하여 녹인다. 이 용액 100㎕를 정확히 취하여 제2단계 고속액체크로마토그래피에 주입하여 얻어진 크로마토그램에 나타난 비타민 D의 피크의 높이 또는 면적을 측정한다.

㉢ 비타민 D 표준용액에 대한 조작

별도로 비타민 D 표준용액 1㎖에 대하여 상기의 시험용액의 조제 및 시험조작 제1단계, 제2단계의 조작에 따라 실행한 후 비타민 D의 피크의 높이 또는 면적을 측정한다.

[계 산]

$$\text{검체 100g 중의 비타민 D(IU)} = \frac{P_{sa}}{P_{st}} \times \frac{S}{\text{검체채취량(g)}} \times 100$$

S : 비타민 D 표준용액의 농도(IU/㎖)
Pst : 비타민 D 표준용액의 피크의 높이 또는 면적
Psa : 검체에 대한 피크의 높이 또는 면적

3. Vitamin E의 정량

① 고속액체크로마토그래피에 의한 정량

㉮ 시약

Ⓐ 에탄올 : 에탄올(특급) 1 ℓ 에 50% 수산화나트륨용액 5㎖ 및 아연분말 5g을 가해 약 2시간 환류후 증류한다.

Ⓑ 헥산 : 스펙트로분석용

Ⓒ 무수황산나트륨 : 무수황산나트륨(시약특급)을 120° 에서 2시간이상 가열시킨 후 데시케이타(실리카겔)에서 방냉하고 밀전하여 보존한다.

Ⓓ α-, β-, γ-, δ-토코페롤 : d-α-, d-β-, d-γ-, d-δ-토코페롤 순품

㉯ 표준용액의 조제

Ⓐ 토코페롤동족체 표준용액

토코페롤 동족체(α-, β-, γ-, δ-토코페롤)을 각각 100mg씩 정밀히 달아 헥산을 가해 녹여 100㎖로 한 후, 각각의 5㎖를 취하여 헥산을 가하여 25.0㎖로 한다.

공전 갈색유리병에 넣어 공기를 질소가스로 치환하여 밀전한 후 냉암소에 보존한다(1개월간 사용할 수 있다).

Ⓑ 토콜표준용액

토콜 약 100mg을 정밀히 달아 헥산을 가해 녹인 후 100㎖로 한다. 이 5㎖를 취해 헥산을 가해 25.0㎖로 한다. 공전 갈색병에 넣어 공기를 질소가스로 치환하여 밀전한 후 냉암소에 보존한다(1개월간 사용할 수 있다).

㉰ 시험용액의 조제

Ⓐ 일반식품의 경우

토코페롤로서 약 0.2mg을 함유하는 시료를 검화플라스크에 정밀히 달아(Wg) 에탄올 30㎖ 및 10% 피로갈롤·에탄올 용액 1㎖를 가하고 이에 수산화칼륨용액(9→10) 3㎖를 가해 환류냉각기를 부착하여 비등수욕 중에서 30분간 비누화한다. 비누화후 즉시 냉각하여 실온으로 한 후 물 30㎖를 가해 갈색분액여두에 옮긴다. 플라스크는 물 10㎖, 석유에테르 30㎖로 씻어 넣고 잘흔들어 혼합하여 방치한 후

석유에테르층을 분취한다. 물층은 석유에테르 30mℓ씩으로 2회 추출하고 석유에테르액을 합하여 물 10mℓ로 1회, 이어 물 50mℓ로 페놀프탈레인시액이 분홍색이 되지 않을 때까지 씻는다. 분액여두 중에서 물을 충분히 분리한 후 무수황산나트륨을 가해 탈수한 후 석유에테르층을 갈색플라스크에 옮긴다. 잔존하는 황산나트륨은 다시 석유에테르 10mℓ씩으로 2회 씻고 씻은 액을 플라스크에 모두 합한 다음 전석유에텔추출액을 40~45° 에서 감압건고한 후 잔류물은 헥산 1.0mℓ를 가하여 녹여 이를 시험용액으로 한다.

Ⓑ 유지식품의 경우

검체가 유지인 경우에는 위의 조작중 비누화조작을 생략하고, 고속액체크로마토그래프에 직접 주입할 수 있다. 이 경우에는 유지 약 1g을 정밀히 달아(Wg) n-헥산으로 녹여 50mℓ로 한 후, 그 중 일정량(Dmℓ)을 취해 헥산으로 희석한 것을 시험용액으로 한다.

㉣ 시험조작

Ⓐ 고속액체크로마토그래피 조건

- 칼럼 : 순상형 칼럼
- 이동상 : 헥산-이소프로판올(98 : 2)
- 유속 : 0.5mℓ/분
- 검출기 : 형광검출기(여기파장 298nm, 측정파장 325nm)

Ⓑ 정량시험

시험용액 1.0mℓ에 토콜표준용액 1.0mℓ를 가해(S) 이의 10μℓ를 고속액체크로마토그래피용 칼럼에 주입하여 얻은 토코페롤동족체의 피크 넓이 또는 높이(P_{toc}) 및 토콜의 피크 넓이 또는 높이(P_{int})를 구한다. 또한 토코페롤동족체 각각에 대하여 각 토코페롤 표준용액 1.0mℓ를 취해 이에 토콜표준용액 1.0mℓ를 가해 이의 10μℓ를 고속액체크로마토그래프에 주입하여 얻은 각 토코페롤 동족체의 피크 넓이 또는 높이(P_{st-toc})와 토콜의 피크 넓이 또는 높이(P_{st-toc})를 구하고, 이들의 중량(mg)에서 토코페롤 동족체의 토콜에 대한 환산계수(F)를 구한다. 검체 중 토코페롤 동족체의 함량(mg/100g)은 다음 계산식에서 구한다.

[계 산]

Ⓐ 일반시료의 경우

$$\text{토코페롤동족체의 양(mg/100g)} = S \times \frac{P_{toc}}{P_{int}} \times F \times \frac{100}{W}$$

S : 시험용액에 함유된 토콜의 함량(mg)

$S = V \times C$

V : 시료에 첨가한 토콜표준용액의 양(㎖)

C : 시료에 첨가한 토콜표준용액의 농도(mg/㎖)

P_{toc} : 시험용액 중 토코페롤동족체 피크의 넓이 또는 높이

P_{int} : 시험용액 중 토콜 피크의 넓이 또는 높이

F : 환산계수

$$F_{\alpha-\delta} = \frac{C_{st-toc}}{C_{st-int}} \times \frac{P_{st-int}}{P_{st-toc}}$$

C_{st-toc} : 표준용액 중 토코페롤 동족체의 농도

P_{st-toc} : 표준용액 중 토코페롤동족체 피크의 높이 또는 넓이

C_{st-int} : 표준용액 중 토콜의 농도

P_{st-int} : 표준용액 중 토콜 피크의 높이 또는 넓이

Ⓑ 유지식품의 경우

$$\text{토코페롤 동족체의 양(mg/100g)} = S \times \frac{50}{D} \times \frac{P_{toc}}{P_{int}} \times F \times \frac{100}{W}$$

② α, ά-디피리딜에 의한 비색정량법

㉮ 장치

분광광도계

㉯ 시약

Ⓐ 정색용액 : 0.5%, α, ά -디피리딜에탄올용액

Ⓑ 염화제이철에탄올용액 : 염화제이철 0.2g을 에탄올에 녹여 100㎖로 한다.

Ⓒ 석유에테르 : 석유에테르에 1/10량의 황산을 가하고 황산층이 착색되지 않을 때까지 세척하고 1회 수세한 다음, 순차로 10% NaOH 용액 및 물로 수세한다. 세정한 석유에테르

층에 무수황산나트륨을 가하여 탈수한 다음 증류하여 30~60° 에서 유분을 취한다.

㈐ 표준용액의 조제

α-토코페롤 약 20mg을 정밀히 달아 에탄올을 가하여 녹여 100㎖로 한다.

㈑ 시험용액의 조제

토코페롤로 0.5~1mg에 해당하는 양의 검체를 환저플라스크에 취하고 에탄올 30㎖ 및 10% 피로가롤·에탄올용액 1㎖를 가하고 수산화칼륨용액(9→10) 1㎖를 가하여 환류냉각기를 붙이고 수욕상에서 30분간 비누화한다. 비누화 후 신속하게 냉각하여 실온으로 하고 물 30㎖를 가하여 갈색 분액깔때기에 옮기고 플라스크는 물 10㎖, 석유에테르 30㎖로 씻고 씻은 액을 분액깔때기에 옮기고 잘 진탕 혼합하고 방치하여 석유에테르층을 분취한다. 물층은 다음에 석유에테르 30㎖ 씩으로 2회 추출하고 석유에테르 추출액을 합하여 물 10㎖로 1회, 50㎖ 씩으로(페놀프탈레인 지시약이 정색되지 않을 때까지) 세척한다. 분액깔때기 중에서 물을 충분히 분리한 후, 석유에테르층에 무수황산나트륨을 가하여 탈수하고 석유에테르층은 갈색 플라스크에 옮긴다. 남은 무수황산나트륨은 석유에테르 10㎖씩으로 2회 씻고 씻은 액은 플라스크에 합한다.

석유에테르추출액을 모두 합하여 60° 에서 감압건조하고 잔류물은 에탄올 5㎖로 녹여 25㎖의 갈색플라스크에 옮긴다. 플라스크는 추가로 에탄올 5㎖씩으로 2회 씻고 씻은 액을 플라스크에 가하여 에탄올을 채워 25㎖로 하여 시험용액으로 한다.

㈒ 시험조작

시험용액 5㎖와 비타민 E 표준용액 1㎖를 25㎖의 플라스크에 취하여 각각에 염화제이철에탄올용액 1㎖와 0.5%, α, ά-디피리딜에탄올용액 1㎖를 가하고 다음에 에탄올을 가하여 25㎖로 한다. 따로 에탄올 1㎖를 취하여 같은 방법으로 조작한 것을 대조로 하여 시험용액과 표준용액을 액층 1cm 파장 520nm에서 흡광도를 측정한다.

[계 산]

$$총토코페롤\ 함량(mg/100g) = C \times \frac{T}{S} \times \frac{25}{5} \times \frac{100}{w}$$

C : 비타민 표준용액의 토코페롤 농도(mg/mℓ)
T : 시험용액의 흡광도
S : 표준용액의 흡광도
W : 검체채취량(g)

4. Vitamin K의 정량

1) 고속액체크로마토그라프에 의한 정량

㉮ 시약

Ⓐ 용매 : 메탄올, 디클로로메탄, 이소옥탄, 아세톤 및 이소프로판올(고속액체크로마토그래피용)

Ⓑ Conditioning용액 : 이소프로판올을 이소옥탄에 녹여 0.01%가 되게 한다.

Ⓒ 용출용매(이동상) : 디클로로메탄과 이소프로판올을 이소옥탄에 녹여 각각 15%, 0.02%가 되게 한다.

Ⓓ 암모니아수(36%)

Ⓔ 무수황산나트륨

㉯ 표준용액의 조제

비타민 K_1 표준품은 *trans*와 *cis* 이성체를 함유하므로 각각의 이성체들을 분리하여 전체에 대한 *cis*형과 *trans*형의 피크 면적 비를 구한다(불활성형 *cis*형을 ≤20%정도 함유함). 암소에서 보관한다.

Ⓐ 표준원액 : 비타민 K_1 표준품을 이소옥탄에 녹여 5㎍/mℓ가 되게 한다.

Ⓑ 표준용액 : 표준원액을 이소옥탄으로 희석하여 0.7㎍/mℓ가 되게 한다.

㉰ 시험용액의 조제

Ⓐ 검체의 비누화와 추출

검체 일정량(비타민 K_1으로 3.5㎍함유)을 정확히 취하여 500mℓ 분액여두에 넣고 암모니아수 4mℓ를 가한 후 60초간 흔들어 혼합한다. 여기에 60mℓ의 메탄올을 가하고 30초간 혼합한 후 디클로로메탄 100mℓ와 이소옥탄 50mℓ 혼합액을 가하여 잘 흔들어 추출한다. 층

분리후 하층액을 1,000㎖ 공전플라스크에 옮긴다. 다시 디클로로메탄 100㎖와 이소옥탄 50㎖ 혼합액을 가하여 추출한 후 하층액을 합하고 이 액을 75° 이하에서 감압농축한다. 공전플라스크를 아세톤 20㎖로 씻고 그 액을 농축시키는 조작을 3회 반복한 후 질소 충전하여 차광한 채로 밀봉한다.

Ⓑ 시험용액의 정제

정제 칼럼에 conditioning 용액 20㎖를 주입하고 천천히 용출시켜 그 액을 버린다. 잔류물을 conditioning 용액 10㎖로 녹인 후 칼럼에 통과시켜 비타민 K_1을 흡착시킨다. 같은 용액으로 5㎖씩 2회에 걸쳐 공전플라스크를 씻고, 씻은 액을 칼럼에 넣은 후 conditioning 용액으로 용출하여 그 액을 버린다.

이어 섬체의 지방 함량에 따라 양을 달리하여 용출용매를 칼럼에 통과시킨다(검체의 지방함량이 0.72~0.80g이면 100㎖의 용매를, 0.72g 이하이면 예비실험을 통해 용출액의 양을 결정한다). 용출액을 250㎖ 공전플라스크에 받아 75° 이하에서 감압농축한다. 이 농축액을 이소옥탄 1~2㎖로 몇 회 나누어 씻어 5㎖로 정용한다.

– 정제칼럼 : 60~200 메쉬 실리카 5.0g(100° 오븐에서 하룻밤 동안 활성화시킴)을 정제 칼럼(1.0cm id×30cm, 유리 칼럼)에 충전하고 그 위에 무수황산나트륨 2.0g(100° 오븐에서 하룻밤 동안 활성화시킴)을 가한다.

㉣ 시험조작

Ⓐ 고속액체크로마토그래피 조건

- 칼럼 : 5μm실리카가 충전된 250×4.6mm id의 순상형 칼럼
- 이동상 : 디클로로메탄과 이소프로판올을 이소옥탄에 녹여 각각 30%, 0.02%가 되게 한다.
- 검출기 : 자외부(UV) 검출기(254nm)

Ⓑ 정량시험

시험용액 및 표준용액을 각각 20㎕씩 주입하여 얻은 표준용액의 피크면적 또는 높이에 대해 구한 검량선을 사용하여 검체중 비타민 K_1(C)의 함량을 구한다. 비타민K_1의 함량은 각 이성체의 농도의 합으로 계산하며 옥수수유를 포함하는 조제유류는 *trans* 비타민 K_1만을 계산한다.

[계 산]

$$C(\mu g/100g) = C_{std} \times F \times \frac{H_s}{H_{std}} \times \frac{V}{S} \times 100$$

C_{std} : 표준용액의 농도($\mu g/m\ell$)
F : 비타민 K_1 표준용액에서 각각의 이성체의 비율
H_s : 검체의 비타민 K_1 각각의 이성체의 피크 면적 또는 높이
H_{std} : 비타민 K_1 표준용액 각각의 이성체의 피크 면적 또는 높이
V : 희석배수
S : 검체 채취량(g)

5. Vitamin B_1의 정량

1) 고속액체크로마토그라프에 의한 정량

㉮ 시약

Ⓐ 4M 초산나트륨용액 : 5.44g의 초산나트륨을 물에 녹여 10mℓ로 한다.

Ⓑ 디카디아스타제용액 : 디카디아스타제를 물에 녹여 2%로 하여 퍼무티트(Purmutit)칼럼에 넣고 디카디아스타제 중에 존재하는 비타민 B_1을 제거한 후 사용한다. 사용시 제조한다.

Ⓒ 페리시안화칼륨-수산화나트륨용액 : 수산화나트륨 30g을 물에 녹여 200mℓ로 하고 이에 페리시안화칼륨 20mg을 녹인다. 사용시 제조한다.

㉯ 표준용액의 조제

순도가 보증된 비타민 B_1 염산염을 비타민 B_1으로 0.01~1.0mg/mℓ가 되도록 10% 삼염화초산용액에 녹인다. 이 비타민 B_1 용액(S mg/mℓ)을 4M 초산나트륨을 2% 다카디아스타제 용액을 각각 20 : 3 : 1의 비율로 혼합한 용액을 표준용액으로 한다.

㉰ 시험용액의 조제

Ⓐ 일반적 시료

검체 1g을 정확히 달아 10% 삼염화초산용액 5mℓ를 넣고 균질기로 균질화시킨다.

균질화한 용액을 10% 삼염화초산용액으로 10mℓ로 한 후 고속원심분

리관에 넣고 9,000rpm에서 30분간 원심분리한다. 이 상징액 200㎕를 시험관에 취하여 4M 초산나트륨용액 30㎕를 가한다(pH 4.5~4.7). 이에 2% 다카디아스타제 용액 10㎕를 주입하고 잘 교반하면서 37°에서 8~10시간 방치하여 시험용액으로 한다.

Ⓑ 난용성 비타민 B_1 염류 및 비타민 B_1 유도체 강화시료

티오크롬형광법의 시험용액의 조제방법에 따라 전처리된 시험용액을 사용한다.

㉣ 시험조작

Ⓐ 고속액체크로마토그래피 조건

- 칼럼 : 비타민 B_1 분리용(Polyglycerylmethacrylate. 구상. 15㎕)
- 이동상 : 0.1M 제1인산나트륨용액
- 유속 : 0.7㎖/분
- 반응액 : 페리시안화칼륨·수산화나트륨용액(유속 : 0.7㎖/분)
- 검출기 : 형광검출기(여기파장 : 375nm, 측정파장 : 450nm)

Ⓑ 정량시험

표준용액과 시험용액을 각각 50㎕씩 고속액체크로마토그래프에 주입하고, 칼럼에서 분리 용출시킨 비타민 B_1을 반응액 송액펌프에서 보내진 반응액과 자동적으로 혼합시켜 형광물질(티오크롬)으로 변환한다. 이 형광물질을 형광분광광도계로 보내 얻어진 표준용액 피크의 면적 또는 높이에 의해 구한 검량선을 이용하여 시험용액의 비타민 B_1의 농도(㎍/㎖)를 구하고, 다음 식에 의해 검체 중 비타민 B_1의 함량(mg/100g)을 계산한다.

[계 산]

$$\text{비타민 } B_1\text{의 양(mg/100g)} = S \times \frac{a \times b}{\text{검체채취량(g)}} \times \frac{100}{1000}$$

S : 시험용액중의 비타민 B_1의 농도(㎍/㎖)

a : 시험용액의 전량(㎖)

b : 시험용액의 희석배수

2) Thiochrome 형광법

① 티오크롬 형광법

㉮ 시약

Ⓐ 효소용액 : 사용시 다가디아스타제 0.5g에 0.1N 염산 0.5㎖ 및 물 10㎖를 가하여 용해한 후 여기에다 산성백토 0.2g을 첨가하여 30초간 진탕 혼합하여 이것을 여과 또는 원심분리해서 그 상등액을 사용한다.

Ⓑ 25% 염화칼륨 염산용액 : 0.1N 염산에 염화칼륨을 25%의 비율로 녹인다. 결정이 석출하면 가온하여 완전히 녹여 사용한다.

Ⓒ 퍼무티트 : 50~80메쉬의 퍼무티트를 플라스크에 취해 약 4배의 열탕을 가해서 혼합, 정치한다. 상등액을 경사하여 버린다. 이 조작을 수회 반복하여 상등액이 거의 깨끗해질 때까지 행한다. 다음에 3%의 초산 약 4배량으로 전과 동일하게 2회 씻는다. 다시 25% 염화칼륨 염산용액을 약 3배량 가해서 비등수욕중 약 25분간 저어주면서 처리한다. 또 다시 3% 초산으로 2회 씻어내고 수세의 조작을 반복한다. 이 세액에 5% 질산은용액 2~3방울을 가해서 백탁되지 않을 때까지 행한다. 이것을 약 60°에서 건조해서 보존한다. 다만, 퍼무티트 외에 엠버라이트 IRC 50을 사용할 수 있다.

Ⓓ 산화제

(제1법) 페리시안·수산화나트륨용액 : 1% 페리시안용액 4㎖를 15% 수산화나트륨으로 녹여 100㎖로 한다. 사용전 4시간 이내에 제조한다.

(제2법) 브롬시안용액

브롬시안용액 : 특급의 브롬시안 4% 용액, 본액을 냉장고에 보존하여 그날 사용한다.

Ⓔ 무수황산나트륨 : 형광이 없는 것

Ⓕ 이소부탄올 : 무형광의 시판품을 사용하든가 형광이 인정되면 재증류 정제해서 사용한다.

Ⓖ 비타민 B_1 표준용액 : 표준품을 사용한다. 염산산성의 물로 희석해서 1㎍/㎖로 한다.

㉯ 장치 및 기구

Ⓐ 칼럼관

경질 유리제 흡착관의 S부의 밑에 소량의 유리솜을 채워 넣어 물을 가득 넣고 별도로 퍼무티트 1.3~1.5g을 비이커에 취한다.

물 약 20㎖를 가해 약하게 진탕해서 퍼무티트에 부착하고 있는 기포를 제거한 다음 물과 함께 전부를 흡착관에 유입, 계속해서 3% 초산 10㎖ 및 물 20㎖를 각각 1분간에 1㎖의 유속으로 통해서 조정을 해 놓는다.

Ⓑ 추출병 : 50~150㎖까지 10㎖마다 표선을 그려놓은 것이 쓰기에 편리하다.

Ⓒ 형광광도계 : 분광식의 여기파장을 375㎚, 수광부의 형광선택파장을 420㎚에 조정해 쓴다.

㉰ 시험용액의 조제

Ⓐ 추출

검체 1~10g을 추출병 또는 100㎖의 메스플라스크에 취해 물 약 20㎖를 가하여 혼합해 0.1N 염산 또는 0.1N 황산 약 50㎖를 가하여 잘 섞은 후 끓는 수욕상에서 30분간 가열 추출한다.

Ⓑ 효소분해

추출액은 약 50°에 냉각시켜 놓고 4M 초산나트륨액을 적가해서, pH를 약 4.5에 조정한다. 다시 한 번 효소용액 약 2㎖를 가해서 40~50° 에 2~3시간 보온하든가 또는 톨루엔 5~6방울을 가해 37~40°의 항온기에 넣어서 하룻밤을 방치한다. 다음에 15분간 비등수욕 중에서 온침한다. 냉각후 물을 가해서 100㎖로 하고 원심분리하든가 또는 여과해서 상등액을 취한다. 이것을 시료용액으로 한다.

Ⓒ 흡착

시료용액(pH 4.5)의 일정량(비타민 B_1으로 약 5㎍을 함유하는 액량)을 칼럼에 조용히 주입한다. 1분간 1㎖의 유속으로 흡착케 한다. 계속해서 pH 4.5의 염산 5㎖로 칼럼의 R부의 내면을 씻어버린다.

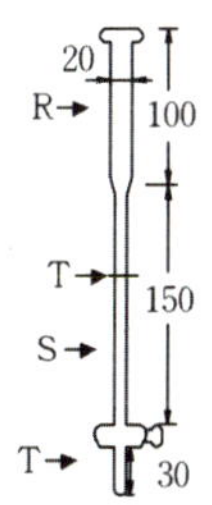

흡착관
(단위 : mm)

Ⓓ 수세

흡착이 끝났다고 생각되면 공존하는 형광물질을 제거한다. 칼럼에 끓는 물을 주입하고 1분간 3~4㎖(1초간에 약 1방울)의 유속으로 흡착층을 씻는다. 세액을 형광이 나타나지 않을 때까지 물로 계속 씻어준다.

Ⓔ 탈착

수세가 끝나고 칼럼 하부의 수기를 25㎖의 메스플라스크에 교환 칼럼이 따뜻할 동안에 비등 25% 염화칼륨염산용액 10㎖를 가한다. 1초간 1방울씩 나누어 액이 적하되도록 조절한다. 탈착액을 받아서 용출액이 퍼무티트의 상단까지 달하면 재차 비등용출액 8㎖를 주입해 동일하게 조작한다. 최후에 동액 7㎖를 주입해서 탈착액의 전량을 약 25㎖로 하여 뚜껑을 닫아 놓는다. 뒤이어 메스플라스크를 실온에 방치한다. 냉각 후 물을 가해서 정확히 25㎖로 하여 시험용액으로 한다.

㉱ 시험조작

(제1법 : 페리시안에 의한 산화 및 티오크롬의 추출)

시험용액을 5㎖씩 T_1, T_2 및 T_3 3개의 50㎖ 공전시험관에 나누어 취한다. T_1을 첨가시험용, T_2를 주시험용, T_3를 공시험용으로 한다. T_1에는 비타민 B_1표준액 1㎖(비타민 B_1 1㎍)를, T_2 및 T_3에는 물 1㎖를 가한다. 계속해서 T_1 및 T_2에는 페리시안·수산화나트륨용액 3㎖를 가한 후 혼합한다. 이소부탄올 15㎖를 가해 밀전하여 1분간 격렬히 진탕 혼합한다. T_3에는 30% 수산화나트륨용액 3㎖를 가한 후 혼합한다. T_1, T_2와 같이 이소부탄올을 가해 진탕 혼합한다. T_1, T_2, T_3의 시험관을 정치하든가 또는 1,000~1,500rpm으로 2분간 원심분리해서 상등액의 이소부탄올을 피펫으로 별도의 시험관에 분취한다. 계속해서 무수황산나트륨 1~2g을 소량씩 첨가해서 진탕 혼합한 후 정치해서 깨끗한 이소부탄올을 얻는다.

(제2법 : 브롬시안화에 의한 산화 및 티오크롬의 추출)

시험용액을 5㎖씩 T_1, T_2 및 T_3 3개의 50㎖ 공전시험관에 나누어 취한다. T_1을 첨가시험용, T_2를 주시험용, T_3를 공시험용으로 한다. T_1에는 비타민 B_1 표준액 1㎖(비타민 B_1, 1㎍)을, T_2 및 T_3에는 물 1㎖를 가한다. 계속해서 T_1 및 T_2에는 브롬시안용액 3㎖를 가해서 혼합한 후 30% 수산화나트륨용액 3㎖를 혼합한다.
이소부탄올 15㎖를 가해 밀전하여 1분간 격렬히 진탕 혼합한다. T_3에는 30% 수산화나트륨용액 3㎖를 맨처음 가한 후 브롬시안용액을 혼합한다. T_1, T_2와 동일 이소부탄올을 가해 진탕 혼합한다. T_1, T_2, T_3의 시험관을 정치하든가 또는 1,000~1,500rpm으로 2분간 원심분리해서 상등액의 이소부탄올을 피펫으로 별도의 시험관에 분취한다. 계속해서 무수황산나트륨 1~2g을 소량씩 첨가해서 진탕 혼합한 후 정치해서 깨끗한 이소부탄올을 얻는다.

Ⓐ 비형광측정 및 계산 : 전항의 이소부탄올액을 형광셀에 넣어 형광도를 측정한다.

검체 중의 비타민 B_1(mg/100g)

$$= D \times \frac{T_2 - T_3}{T_1 - T_2} \times \frac{25}{5} \times \frac{V_2}{V_1} \times \frac{100}{\text{검체의 채취량(g)}} \times \frac{1}{1000}$$

D : 첨가 비타민B_1(㎍)
V_1 : 시료용액의 채취량(㎖)
V_2 : 시료용액 전량(㎖)

6. Vitamin B_2의 정량

1) Rubiflavin 형광법

① 루미플라빈 형광법

㉮ 시약

Ⓐ 클로로포름 : 형광이 없는 것 형광이 있는 것은 유리제의 증류장치를 써서 재증류한다. 갈색병에 넣어 물을 포화시켜 냉암소에 보존한다.

Ⓑ 비타민 B_2 표준용액 : 비타민 B_2 표준품을 온탕에 녹여서 40㎍/㎖로 한다. 그 100㎖에 초산 수방울을 가해서 갈색 공전병에 넣어 냉장고에 보존한다. 사용시 희석해서 2㎍/㎖의 액을 만든다. 밝은 곳에 내놓

지 않도록 주의한다.

㉯ 장치 및 기구

Ⓐ 광분해장치 : 형광등에 반사경을 달아 시험용액을 양측으로부터 조사하든지 또는 상부에 형광등이 붙어 있는 측면에는 광을 난반사하도록 한 상자모양의 것도 좋다.

Ⓑ 용기 : 갈색 유리기구를 쓴다.

Ⓒ 형광광도계 : 여기파장 430nm, 측정파장 530nm

㉰ 시험용액의 조제

검체의 일정량을 취해 소량의 물을 가해서 균질기 또는 막자사발에 넣어 마쇄한다. 지방이 많은 것은 미리 탈지한다. 이것에 물 수 mℓ~수십 mℓ를 가해 수욕 중에서 혼합 15~20분간 추출한다. 대부분의 것은 이 추출법으로 충분히 추출된다. 또는 비타민 B_1 ㉰ 시험용액의 조제 Ⓑ 효소분해까지의 시험용액을 그대로 사용할 수 있다. 추출액은 냉각 후 1mℓ 중 0.05㎍이 되도록 일정 용량으로 하여 시험용액으로 한다.

㉱ 시험조작

Ⓐ 광분해

시험용액 일정량(0.2~1㎍ 비타민 B_2를 함유하는 용액)씩을 3개의 공전시험관에 취한다. 그 한 개를 첨가시험용으로 해서 비타민 B_2의 일정량(0.2~1㎍)을 함유하는 용액을 가한다. 다른 두개 T_2 및 T_3는 T_1에 가한 비타민 B_2용액과 동량의 물을 가해서 T_1, T_2, T_3를 같은 용량으로 한다. 이 시료용액에 1N 수산화나트륨액을 같은 양 가해 혼합한 후 T_1(첨가시험) 및 T_2(주시험)를 광분해 장치로써 1시간 광분해 한다. T_3(공시험)는 1시간 암소에 둔다. 광분해가 끝나면 각 시험관에 초산을 0.5mℓ씩 가한다.

Ⓑ 산화 및 추출

광분해를 끝낸 산성용액에 4% 과망간산칼륨용액 0.5mℓ를 가해서 1분간 방치한다(필요하면 초산을 소량 가한다). 계속해서 3% 과산화수소용액을 적가해서 탈색하고 클로로포름 10mℓ씩을 가해서 뚜껑을 닫고 격렬히 2분간 진탕 혼합한다. 필요하면 원심분리를 행하고, 클로로포름층을 분취한다.

Ⓒ 측정 및 계산

클로로포름층을 측정셀에 옮기고 T_1(첨가시험), T_2(주시험), T_3(공시험)의 형광광도를 읽어 T_1, T_2, T_3로 한다. 검체 중의 비타민 B_2의 함량을 다음 식에 따라 구한다.

$$\text{비타민 } B_2(mg/100g) = D \times \frac{T_2-T_3}{T_1-T_2} \times \frac{V_2}{V_1} \times \frac{100}{\text{검체의 채취량(g)}} \times \frac{1}{1000}$$

D : 첨가 비타민B_2(㎍)
V_1 : 시험용액 채취량(㎖)
V_2 : 시험용액 전량(㎖)

2) HPLC에 의한 형광법

② 고속액체크로마토그래피에 의한 정량법

㉮ 시약

Ⓐ 메탄올 : 고속액체크로마토그래피용

Ⓑ 10mM NaH_2PO_4 용액 : 1N 수산화나트륨용액으로 pH 5.5로 조정한다.

㉯ 표준용액의 조제

Ⓐ 리보플라빈 표준용액 : (3) 비타민 B_2 ① 루미플라빈 형광법과 동일하게 조제하고 사용시 물로 희석하여 0.2㎕/㎖의 용액으로 만든다.

Ⓑ FMN(Flavin mononucleotide)표준용액 : FMN을 물에 녹여 0.2㎕/㎖(리보플라빈으로 환산)의 용액으로 만든다.

Ⓒ FAD(Flavin adeninedinucleotide)표준용액 : FAD를 물에 0.5㎕/㎖(리보플라빈으로 환산)의 용액으로 만든다.

㉰ 시험용액의 조제

검체 일정량을 달아 소량의 물을 가해 균질기 또는 막자사발에서 가능한 한 미세하게 분쇄하고 지방이 많은 경우에는 미리 탈지한다. 이에 물을 가해 수욕 중(70~80°)에서 잘 혼합하여 12~20분간 추출한다. 추출액은 식힌 후 1㎖ 중 비타민 B_2 0.05~0.5㎍이 되도록 일정용량으로 하여 시험용액으로 한다.

㉱ 시험조작

Ⓐ 고속액체크로마토그래피 조건

- 칼럼 : 역상분배형(μ -Bondapak C_{18}, Micropak -CH, Cosmosil $5C_{18}$, Develesil ODS 등)
- 이동상 : 메탄올 : 10mM NaH_2PO_4용액(pH 5.5) (35 : 65)
- 유속 : 0.8㎖/분
- 검출기 : 형광검출기(여기파장 : 445nm, 측정파장 : 530nm)

Ⓑ 정량시험

시험용액 및 각 형의 표준용액을 각 10μl씩 주입하여 앞의 조건에서 시험한다. 표준용액 각 형의 피크 면적 또는 높이에 의해 구한 검량선을 사용하여 시험용액의 비타민 B_2의 농도(㎍/㎖)를 구하고, 다음 식에 의해 검체 중 비타민 B_2 함량(mg/100g)을 산출한다.

$$\text{비타민 } B_2(\text{리보플라빈, FMN, FAD})(\text{mg/100g}) = S \times \frac{a \times b}{\text{검체채취량(g)}} \times \frac{100}{1000}$$

S : 시험용액중의 비타민 B_2의 농도(㎍/㎖)
a : 시험용액의 전량(㎖)
b : 시험용액의 희석배수

7. Vitamin C의 정량

1) Indophenol 적정법

② 인도페놀적정법에 의한 정량

㉮ 시약

인도페놀용액 : 미리 탄산수소나트륨 약 50mg을 더운물 약 150㎖에 용해하고 여기에 2, 6-디클로로페놀 인도페놀나트륨염 약 50mg을 용해시키고 냉각 후 물로 200㎖로 한다. 여과 후 차광하여 냉소에 저장하면 일주간 사용할 수 있다. 다만, 다음 방법에 따라 사용할 때 표정한다.

■ 표 정

비타민 C 표준품 100mg을 정밀히 달아서 500mℓ의 메스플라스크에 넣어 묽은 메타인산-초산용액으로 500mℓ로 한다. 그 5mℓ를 정밀히 취하여 묽은메타인산-초산용액 5mℓ를 가하고 인도페놀용액으로 액이 적어도 5초간 적색이 지속될 때까지 적정한다. 여기에 적정된 인도페놀용액의 소비량을 T mℓ로 한다.

㉯ 시험조작

조작은 모두 신속히 행한다.

Ⓐ 환원형비타민C의 적정

디니트로페닐하이드라진법에서 조제한 시험용액 10mℓ를 삼각플라스크에 정확히 취하여 즉시 인도페놀용액으로 액이 적어도 5초간 적색이 지속될 때까지 적정한다.

이때 적정된 인도페놀용액의 소비량을 Smℓ로 한다.

Ⓑ 계산 : 검체 중의 환원형비타민 C는 다음 식에 의해 구한다.

$$\text{환원형비타민 C(mg/100g)} = \text{Amg} \times \frac{S}{T} \times 10\ \frac{\text{검체채취량} \times 2}{W} \times \frac{100}{\text{검체채취량(g)}}$$

Amg : 인도페놀용액 Tmℓ에 대응하는 아스코르빈산량

2) Hydrazine 비색법

① 2.4-디니트로페닐하이드라진(DNP)에 의한 정량법

㉮ 시약

Ⓐ 메타인산-초산용액 : 메타인산 15g을 초산 40mℓ 및 물 200mℓ로 잘 진탕 혼합하여 녹여서 물을 가해 250mℓ로 한다. 이 용액은 냉장고에 보관하면 1주간 사용할 수 있다.

Ⓑ 묽은메타인산-초산용액 : 메타인산-초산용액을 같은 양의 물로 혼합한다(사용시 조제).

Ⓒ 20% 메타인산용액 : 냉장고에 보존한다.

Ⓓ 10% 메타인산용액 : 냉장고에 저장, 2주간 사용할 수 있다.

Ⓔ 5% 메타인산용액 : 사용할 때 조제한다.

Ⓕ 인도페놀용액 : 2,6-디클로로페놀 인도페놀나트륨염 0.2g을 더운물

에 녹여 100㎖로 한다. 필요하면 여과한다. 본 용액은 냉장고에 보존하고 2주간 사용할 수 있다.

Ⓖ 메타인산-티오요소용액 : 10% 메타인산용액 50㎖에 티오요소 2g을 녹인다. 물을 가해 100㎖로 한다(사용시 조제).

Ⓗ 디니트로페닐하이드라진용액 : 2, 4-디니트로페닐하이드라진 2g을 9N 황산액 100㎖에 녹인다. 유리여과기로 여과한다. 본 용액은 냉장고에 보존하면 2주간 사용할 수 있다.

Ⓘ 비타민 C 표준용액

비타민 C 표준품 100mg을 정밀히 단다. 메스플라스크에 넣어 5% 메타인산용액에 녹여서 100㎖로 한다.

그 0.25, 0.5, 1.0, 1.5, 2.0 및 2.5㎖를 각각 메스플라스크에 취해 5% 메타인산용액을 가해서 100㎖로 한다(사용시 조제).

㉯ 시험용액의 조제

조작은 모두 신속히 행한다.

Ⓐ 추출

검체의 일정량을 정밀히 단다. 정확히 같은 양의 메타인산-초산용액을 잘 혼합해서 균등한 죽 상태로 한다. 환원형 비타민 C로서 1~5mg 함유되도록 균등한 죽상태의 일정량(Wg)을 100㎖의 메스플라스크에 옮기고 묽은 메타인산-초산용액으로 100㎖로 한다. 이 용액을 여과하여 처음의 수 ㎖를 제거해서 그 후의 여액을 취하든가 또는 원심분리해서 상등액을 취하여 시험용액으로 한다.

㉰ 시험조작

Ⓐ 산화

시험용액 2㎖를 시험관 T_1, T_2 및 T_3에 취해 T_1에 인도페놀용액 1방울을 혼합해서 이것이 적색을 나타내는지 확인하고, T_1, T_2 및 T_3에 메타인산-티오요소용액 2㎖씩 가한다.

Ⓑ 오사존의 생성 : 시험관 T_1 및 T_2에 디니트로페닐하이드라진용액 1㎖씩을 가해 37°(±0.5°) 항온수욕 중에서 정확히 3시간 방치하고 T_3와 함께 얼음물 중에 침적한다.

Ⓒ 오사존의 용해

얼음물 중에서 냉각하면서 T_1, T_2 및 T_3에 85% 황산용액 5㎖를 조금씩 적가해서 1분간 얼음물 중에서 내용액을 잘 혼합 냉각한다. 다음에 차가운 상태에서 T_3에 디니트로페닐하이드라진용액 1㎖를 혼합한다. T_1, T_2 및 T_3의 내용액을 재차 혼합한 후 얼음물로부터 꺼내서 실온에서 30~40분간 방치한다.

Ⓓ 비색 : T_1 및 T_2의 내용액에 대해서 510~540nm에서 흡광도를 측정하고, T_1 및 T_2 로 한다. 대조액은 T_3로 한다.

Ⓔ 검량선의 작성 : 비타민C 표준용액의 각 2㎖씩을 시험관에 취하고 위의 시험조작 Ⓐ~Ⓓ에 따라서 조작한다. 각각 흡광도를 구하고 검량선을 그린다.

Ⓕ 계산 : 시험용액 2㎖ 중의 총 비타민 C량 및 산화형 비타민 C량을 각각의 환원형 비타민 C 량(㎍)으로 나타낸 수치를 검량선에서 찾아서 T_1 및 T_2에 대응하는 점으로부터 구하여 C_1 및 C_2로 한다. 검체중의 비타민 C 함량은 다음 식으로 구한다.

$$\text{총 비타민 C(mg/100g)} = \frac{C_1}{1000} \times 50 \times \frac{\text{검체채취량} \times 2}{W} \times \frac{100}{\text{검체채취량(g)}}$$

$$\text{산화형비타민 C(mg/100g)} = \frac{C_2}{1000} \times 50 \times \frac{\text{검체채취량} \times 2}{W} \times \frac{100}{\text{검체채취량(g)}}$$

$$\text{환원형비타민 C(mg/100g)} = \text{총 비타민 C(mg/100g)} - \text{산화형비타민 C(mg/100g)}$$

3) HPLC에 의한 정량법

㉮ 시약

Ⓐ 10% 메타인산용액 : 메타인산 10g을 물에 녹여 100㎖로 한다. 불용물이 생기는 경우 여과하여 사용한다. 냉장고에서 일주일까지 보관할 수 있다.

Ⓑ 5% 메타인산용액 : 10% 메타인산용액을 물로 2배 희석한다. 사용시 조제한다.

㉯ 표준용액의 조제

아스코르빈산 10.0mg을 정밀히 달아, 5% 메타인산용액에 녹여 100㎖

로 한 것을 표준원액(100ppm)으로 한다. 필요한 경우 표준원액에 5% 메타인산용액을 넣어 원하는 농도로 희석하여 사용한다. 사용시 조제한다.

㉰ 시험용액의 조제

검체 일정량(비타민 C 함량이 50mg/100g 이상인 경우 2g 정도, 10mg ~50mg /100g인 경우 5~10g 정도를 검체로 한다)을 정확히 달아, 동량의 10% 메탄인산용액을 가하여 10분간 현탁시킨 후 적당량의 5% 메탄인산을 넣어 균질화한다. 균질화된 시료를 100㎖ 메스플라스크에 옮기고 소량의 5% 메탄인산용액으로 용기를 씻은 후 메스플라스크에 합하여 100㎖로 한다. 그 후 3,000rpm에서 10~15분간 원심분리를 행하여 상등액을 취하고 5% 메탄인산용액으로 적당히 희석하여 시험용액으로 한다.

㉱ 시험조작

Ⓐ 고속액체크로마토그래피 조건

- 칼럼 : 역상분배형(Jascopack Fine Sil-NH_2, Lichrosorb NH_2, 조건을 달리하며, Zipax SAX, Vydac SAX. Partisil-10SAX, μ-Bondapak C_{18}, μ-Bondapak/CN, Pormaphase CPS 등을 사용할 수 있다)
- 이동상 : 0.05M KH_2PO_4/아세토니트릴(60:40)
- 유속 : 1.0㎖/분
- 검출기 : UV 254nm

Ⓑ 정량시험

시험용액 및 표준용액을 각각 10μl씩 주입하여 얻은 피크의 넓이 또는 높이를 구하여 검량선을 작성한 후 시험용액의 비타민 C의 농도(㎍/㎖)를 구하고, 다음 식에 의해 검체 중 아스코르빈산의 함량(mg/100g)을 산출한다. L-아스코르빈산 나트륨으로 환산하는 경우에는 L-아스코르빈산량에 계수 1.125를 곱한다.

$$\text{비타민 C 함량(mg/100g)} = S \times \frac{a \times b}{\text{검체채취량(g)}} \times \frac{100}{1000}$$

S : 시험용액중의 아스코르빈산의 농도(㎍/㎖)

a : 시험용액의 전량(㎖)

b : 시험용액의 희석배수

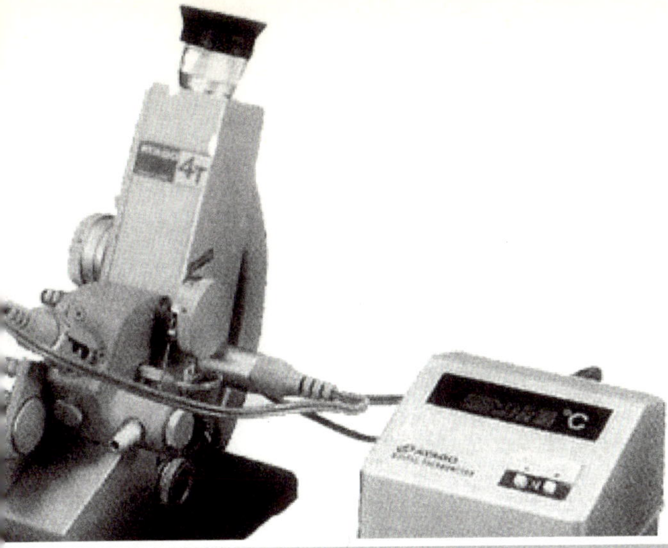

부록

부록1. 실험보고서 양식

실 험 보 고 서

년 월 일

실습조 ______ 성명 ______

실험제목 ______

1. 목적

2. 재료 및 시약

3. 실험방법

4. 결과

5. 고찰

6. 참고문헌

부록 2. 식품분석표

가식부분(E.P.) 100g당

식품명	수분	열량	단백질	지방	탄수화물		회분	칼슘	인	철	비타민					
					당질	섬유					A	β-카로틴	티아민	리보플라빈	니아신	아스코르브산
	%	cal	g	g	g	g	g	mg	mg	mg	I.U.	μg	mg	mg	mg	mg
현미	11.0	359	7.2	2.5	76.8	1.3	1.2	41	284	2.1	0	0	0.30	0.10	5.1	0
백미	14.1	340	6.5	0.4	77.5	0.4	0.5	24	147	0.4	0	0	0.10	0.05	1.5	0
흰밥	65.0	142	2.7	0.2	32.2	0.2	0.2	10	61	0.2	0	0	0.04	0.02	0.6	0
보리밥	64.2	141	2.9	0.3	32.0	0.2	0.3	10	60	0.3	0	0	0.05	0.03	0.8	0
밀	11.8	350	12.0	2.9	69.0	2.5	1.8	71	390	3.2	0	0	0.34	0.11	5.0	0
라면	2.6	581	9.3	20.4	63.5	0.3	4.0	(20)	(110)	(1.1)	0	0	(0.20)	(0.05)	(1.4)	0
식빵	26.1	296	11.2	1.4	59.7	0.5	1.1	14	77	1.2	0	0	0.22	0.07	1.0	0
감자	81.2	72	2.4	0.5	14.4	0.5	0.9	5	42	0.6	0	0	0.16	0.03	0.5	51
고구마	64.6	134	1.1	0.3	31.7	0.6	0.6	28	29	0.8	*182	109	0.13	0.05	(0.6)	20
백설탕	(0.5)	398	0	0	99.5	-	-	-	-	0	0	0	0	0	0	0
대두	9.2	410	41.3	17.6	21.6	3.5	5.8	127	490	7.6	10	6	(1.03)	(0.30)	3.2	0
두부	83.0	91	8.6	5.5	1.7	0.3	0.9	181	94	2.2	0	0	0.03	0.02	0.5	0
비지	82.2	73	3.9	2.1	9.6	1.7	-	103	35	4.6	0	0	0.05	0.01	-	0
된장	51.5	128	12.0	4.1	10.7	3.8	17.9	122	141	5.1	0	0	0.04	0.20	-	0
고추장	47.7	176	8.9	4.1	25.9	3.5	19.9	126	72	15.6	(350)	210	0.35	0.35	1.5	(10)
호콩	2.6	559	26.9	44.2	23.6	2.4	2.7	74	393	1.9	0	0	0.30	0.13	16.2	(0)
생밤	59.8	159	3.5	0.8	34.5	1.1	1.2	35	93	2.1	74	44	0.45	0.23	0.7	28
붉은고추	91.2	35	1.0	1.5	3.6	2.0	0.7	13	14	1.1	1,000	600	0.06	0.06	0.7	100
풋고추	83.2	20	2.4	0.5	1.4	12.7	0.8	15	57	1.1	(290)	(174)	0.20	0.34	1.2	(103)
당근	88.7	41	2.0	0.5	7.2	0.6	0.8	43	34	1.6	(12,000)	7,200	0.09	0.09	1.7	12
배추	94.9	18	1.3	0.2	2.7	0.7	0.5	70	63	0.3	255	153	0.06	0.09	0.4	28
시금치	93.7	34	2.6	0.7	4.2	0.7	1.1	36	32	4.2	8,320	4,992	0.12	0.38	0.7	64
호박	95.0	27	2.0	0.6	3.5	0.4	0.5	15	23	0.7	930	558	0.06	0.15	(1.0)	8
가지	93.3	32	1.2	0.4	5.9	0.9	0.3	26	45	0.4	30	18	0.04	0.03	0.2	(5)
마늘	60.4	145	3.0	0.5	32.0	0.8	1.3	32	50	1.6	(50)	(30)	0.33	(0.08)	1.0	7
무	90.3	31	2.0	0.1	5.6	0.9	1.6	62	29	0.9	0	0	0.01	0.03	(0.4)	(32)
생강	81.7	68	2.2	0.8	12.9	1.9	1.0	20	14	1.1	30	18	0.01	0.03	4.3	-
콩나물	90.2	37	4.2	1.0	2.9	0.5	0.8	32	49	0.8	175	105	0.15	0.13	0.8	16
파	86.8	50	2.6	0.4	9.0	1.3	0.8	73	46	1.0	408	245	0.09	0.15	0.5	16
깍두기	87.0	31	2.7	0.8	3.2	-	0.7	5	-	-	946	568	0.03	0.06	5.8	10
통김치	88.4	19	2.0	0.6	1.3	-	0.5	28	-	-	492	295	0.03	0.06	2.1	12
귤	87.0	46	0.8	0.2	11.6	0.5	0.4	40	18	0.4	4200	252	0.06	0.02	0.1	31
토마토	90.5	33	1.3	0.3	6.9	0.4	0.6	3	18	0.2	400	240	0.08	0.03	0.8	20
사과	86.8	52	0.3	0.5	11.5	0.6	0.3	4	14	0.5	10	6	0.02	0.04	0.2	6
수박	94.0	21	0.4	0.1	5.2	0.1	0.2	14	11	0.2	80	48	0.02	0.02	0	5
참외	89.8	36	0.9	0.3	7.3	0.9	0.8	14	12	0.3	100	60	0.05	0.05	0.6	10
닭고기	73.5	126	20.7	4.8	-	-	1.3	4	302	-	40	7	0.09	0.15	5.0	0
돼지고기	69.3	171	17.8	10.5	0	0	2.4	10	204	2.7	(0)	(0)	0.87	0.21	4.6	0
쇠고기	62.5	242	18.6	18.0	0	0	0.9	11	172	2.8	40	2	0.08	0.17	4.5	-
달걀	74.0	160	12.7	12.1	-	0	1.2	67	267	2.7	920	116	0.10	0.30	0.1	0

* 보통 고구마의 분석치임. 짙은 황색 품종에는 비타민 A가 7,700 I.U인 것도 있음.

부록 3 . 자주 사용되는 용액 만드는 법

용액의 종류 (수용액)	용질		용액(만드는 양 100mℓ, ＊100g)	
	분자량	1그램당량(g)	농도	용질채취량(g)(°mℓ)
25%HCl 20%HCl 묽은염산 1 N-HCl 0.5 N-HCl 0.2 N-HCl 0.1 N-HCl	36.5	36.5	25% 20% 2 N 1 N 0.5 N 0.2 N 0.1 N	진한염산 67.6＊ 54.1＊ 16.7° 8.4° 4.2° 1.7° 0.8°
30% HNO_3 8 N-HNO_3 6 N-HNO_3 2 N-HNO_3	63.0	63.0	30% 8 N 6 N 2 N	진한질산 41.7＊ 50° 37.5° 12.5°
1.25% H_2SO_4 18 N-H_2SO_4 1 N-H_2SO_4 0.1 N-H_2SO_4	98.1	49.1	1.25% 18 N 1 N 0.1 N	진한황산 1.3＊ 50° 37.5° 12.5°
50% CH_3COOH 25% CH_3COOH 5% CH_3COOH 1% CH_3COOH 2 N-CH_3COOH 0.5 N-CH_3COOH 2 M-CH_3COOH	60.0	60.0	50% 25% 5% 1% 2 N 0.5 2 M	빙초산 51.0＊ 25.5＊ 5.1＊ 1.0＊ 11.6° 2.9° 11.6°
진한 수산화나트륨 25% NaOH 1.25% NaOH 0.2% NaOH 묽은 수산화나트륨	40.0	40.0	30% 25% 1.25% 0.2% 2 N	수산화나트륨 30＊ 30＊ 1.25＊ 0.2＊ 8

부록 4. 중요한 혼합 지시약

지시약 용액		배합비	변색점 (pH)	산성액	염기성색	비 고
Neutral red Methylene blue	(0.1% alc.) (0.1% alc.)	1 1	7.0	자청	녹	pH=7.0 자청
Neutral red Bromthymol blue	(0.1% alc.) (0.1% alc.)	1 1	7.2	홍	녹	pH=7.2 담홍 pH= pH=7.0 홍
Cyanin Phenol red	(0.1% in 50% alc.) (0.1% in 50% alc.)	2 1	7.3	황	자	pH=7.2 오렌지 pH=7.4 자
Bromthynol blue Phenol red	(0.1% aq.) (0.1% aq.)	1 1	7.5	황	자	pH=7.2 pH>7.4 담자 pH=7.2 농자
Cresol red Thymol blue	(0.1% aq.) (0.1% aq.)	1 3	8.3	황	자	pH=8.2 홍 pH=8.4 농자
α-Naphtholphthalein Cresol red	(0.1% alc.) (0.1% alc.)	2 1	8.3	담홍	자	pH=8.2 담자 pH=8.4 농자
α-Naphtholphthalein phenolphthalein	(0.1% alc.) (0.1% alc.)	1 3	8.9	담홍	자	pH=8.6 담록 pH=9.0 농자
Phenolphthalein Methyl green	(0.1% alc.) (0.1% alc.)	1 2	8.9	녹	자	pH=8.8 담황청 pH=9.0 자
Thymol blue Phenolphthalein	(0.1% in 50% alc.) (0.1% alc.)	1 3	9.0	황	자	황→녹→자
Thumol blue Phenolphthalein	(0.1% in 50% alc.) (0.1% alc.)	2 1	9.6	담홍	자	담홍→녹→자
Thenolphthalein α-Naphtholphthalein	(0.1% aq.) (0.1% alc.)	1 1	9.9	무	자	pH=9.6 홍 pH=10.0 자
Phenolphthalein Nile blue	(0.1% alc.) (0.2% alc.)	1 2	10.0	청	적	pH=10.0 자

지시약 용액		배합비	변색점 (PH)	산성색	염기성색	비고
Dimethyl yellow Methylene blue	(0.1% alc.) (0.1% alc.)	1 1	3.28	청자	녹	
Methyl orange Indigocarmine	(0.1% aq.) (0.25% aq.)	1 1	4.1	자	녹	
Hexamethoxytriphenyl carbinol Methyl green	(0.1% alc.) (0.1% alc.)	1 1	4.0	자	녹	pH=4.0 청자
Methyl orange Aniline blue	(0.1% aq.) (0.1% aq.)	1 1	4.3	자	녹	
Bromcresol green Methyl red	(0.1% alc.) (0.2% alc.)	3 1	5.1	적	녹	변색이 극히 예민
Methyl red Methylene blue	(0.2% alc.) (0.1% alc.)	1 1	5.4	적자	녹	pH=5.4 汚青 pH=5.6 汚綠
Bromcresol green Sodium alizarine sulfonate	(0.1% aq.) (0.1% aq.)	1 1	5.6	자	녹	pH=5.6 적갈
Chlorphenol red Aniline blue	(0.1% aq.) (0.1% aq.)	1 1	5.8	녹	자	pH=5.6 담자
Bromcresol green Chlorphenol red	(0.1% aq.) (0.1% aq.)	1 1	6.1	황록	청자	pH=5.4 청록 pH=5.8 자청 pH=6.2 청자
Bromcresol purple Bromthymol blue	(0.1% aq.) (0.1% aq.)	1 1	6.7	황	자청	pH=6.2 황자 pH=6.6 자 pH=6.8 청자
Bromthymol blue Azolitmin	(0.1% aq.) (0.1% aq.)	2 1	6.9	자	청	

부록 5. 몇 가지 원소의 원자량

원소명	영어명	기 호	원자량
구 리	copper	Cu	63.546
규 소	silicon	Si	28.086
나트륨	sodium	Na	22.9898
납	lead	Pb	207.19
니 켈	nickel	Ni	58.71
리 튬	lithium	Li	6.939
마그네슘	magnesium	Mg	24.312
망 간	manganese	Mn	54.9380
몰리브덴	molybdenum	Mo	95.94
바 륨	barium	Ba	137.34
붕 소	boron	B	10.811
브 롬	bromine	Br	79.904
비 소	arsenic	As	74.9216
비스무트	bismuth	Bi	208.980
산 소	oxygen	O	15.9994
수 소	hydrogen	H	1.00797
수 은	mercury	Hg	200.59
아 연	zinc	Zn	65.37
알루미늄	aluminium	Al	26.9815
염 소	chlorine	Cl	35.453
요오드	iodine	I	126.9044
은	silver	Ag	107.868
인	phosphorus	P	30.9738
주 석	tin	Sn	118.69
질 소	nitrogen	N	14.0067
철	iron	Fe	55.847
칼륨	potassium	K	39.102
칼슘	calcium	Ca	40.08
코발트	cobalt	Co	58.9332
크 롬	chromium	Cr	51.996
탄 소	carbon	C	12.01115
텅스텐	tungsten	W	183.85
플루오르	fluorine	F	18.9984
황	sulfur	S	32.064

부록 6. 식품의 알칼리도와 산도

(+ : 알칼리성 식품, - : 산성 식품)

식품명	식품 100g의 알칼리도, 산도	식 품 성	식품 100g의 알칼리도, 산도	식 품 명	식품 100g의 알칼리도, 산도
동물성식품				**버섯류**	
닭고기	-10.4	메밀가루	-7.72	송이 버섯	+6.40
말고기	-6.60	빵	-0.59	표고 버섯	+17.45
돼지고기	-6.10				
쇠고기	-5.00	**두류 및 가공류**		**해조류**	
모유	+0.43	콩	+10.21	다시마	+308.16
우유	+0.22	완두	-2.49	미역	+287.04
치즈	-4.30	잠두	+4.39	김	-5.25
난백	+3.22	팥	+7.34		
난황	-18.80	강남콩	+18.82	**절임류**	
청어알	-5.40	땅콩	-5.40	야채절임	+1.25
가다랭이	-39.05	된장	0	단무지절임	+4.98
굴	-8.01	두부	+0.13		
다랑어	-15.29	간장	0	**과실류**	
연어	-7.90			밀감	+3.60
뱀장어	-7.52	**야채류**		수박	+2.07
도미	-8.56	시금치	+5.60	포도	+2.60
마른오징어	-29.61	양배추	+4.86	딸기	+5.62
낙지	-12.79	반디나물	+5.81	사과	+3.44
대합	-7.52	아스파라거스	-0.13	밤	+8.30
미꾸라지	-5.30	무	+4.95	감	+2.67
전복	-3.58	당근	+6.41	배	+2.61
새우	-3.19	우엉	+5.05	바나나	+8.82
멸치	-8.44	토란	+7.72	건포도	+20.90
잉어	-8.77	감자	+5.37		
문어	-12.79	고구마	+4.28	**기호품**	
		백합	+6.21	청주	-0.48
곡류		연근	+3.84	술지게미	-12.00
현미	-15.48	죽순	+4.29	맥주	-1.10
백미	-4.32	양파	+1.68	차	+1.60
보리	-3.53	쇠귀나물	-1.93	커피	+1.85
밀가루	-3.45	호박	+4.35	포도주	+2.49
오트밀	-17.32	가지	+1.93		
쌀겨	-85.20	오이	+.216		
밀기울	-36.41	고비	+1.61		

부록 7. 산알칼리의 희석도와 농도비중의 대조표

		염 산		황 산		질 산		아세트산		암모니아수	
희석도	부피%	무게%	비중 (15℃)	무게%	비 중	무게%	비 중	무게%	비 중	무게%	비 중
1	100	35	1.18	97	1.84	60.0	1.37	99	1.06	28	0.90
1.5	66.7	24.6	1.12	76.3	1.69	44.0	1.28	67.2	1.07	18.0	0.93
2	50	18.9	1.09	62.9	1.53	34.7	1.22	50.9	1.06	13.3	0.95
2.5	40	15.4	1.08	53.5	1.43	28.7	1.18	40.9	1.05	10.1	0.96
3	33.3	13.0	1.06	46.5	1.28	24.4	1.15	34.2	1.05	8.7	0.96
3.5	28.5	11.2	1.06	41.1	1.32	21.3	1.13	29.4	1.04	7.6	0.97
4	25	9.9	1.05	36.9	1.28	18.8	1.11	25.8	1.04	6.4	0.97
4.5	22.2	8.8	1.04	33.4	1.25	16.9	1.10	23.0	1.03	5.7	0.98
5	20	8.0	1.04	30.6	1.23	15.3	1.09	20.7	1.03	5.1	0.98
6	16.7	6.7	1.03	26.1	1.19	12.9	1.08	17.3	1.02	4.3	0.98
7	14.3	5.7	1.03	22.8	1.17	11.2	1.07	14.8	1.02	3.7	0.98
8	12.5	5.0	1.02	20.2	1.15	9.8	1.06	13.0	1.02	3.2	0.99
9	11.1	4.5	1.02	18.1	1.13	8.8	1.05	11.6	1.02	2.8	0.99
10	10	4.1	1.02	16.5	1.12	7.9	1.04	10.4	1.01	2.5	0.99
11	9.1	3.7	1.02	15.1	1.11	7.2	1.04	9.5	1.01	2.3	0.99
15	6.7	2.7	1.01	11.3	1.08	5.4	1.03	6.9	1.01	1.7	0.99
20	5	2.0	1.01	8.6	1.06	4.0	1.02	5.2	1.01	1.3	0.99
30	3.3	1.4	1.01	5.8	1.04	2.7	1.02	3.5	1.00	0.8	1.00
40	2.5	1.0	1.00	4.4	1.03	2.0	1.01	2.6	1.00	0.6	1.00
50	2	0.8	1.00	3.5	1.02	1.6	1.01	2.1	1.00	0.5	1.00
100	1	0.4	1.00	1.8	1.01	0.8	1.00	1.0	1.00	0.25	1.00

부록 8. 주요한 산·알칼리의 전리도

전리도: 수용액에 있어서 용질 전량에 대해서 전리된 비율
18℃(0.1N용액)

염 산	HCl	0.92%
질 산	HNO3	0.92
황 산	H2SO4	0.57
인 산	H3PO4	0.26
아세트산	CH3COOH	0.013
탄 산	H2CO3	0.0017
붕 산	H3BO3	0.0001
수산화나트륨	KOH	0.89
산화나트륨	NaOH	0.91
수산화바륨	Ba(OH)2	0.77
암모니아수	NH4OH	0.013

산·알칼리시약

	분자량	규정도	mole농도	%	비중	조제량
염 산 HCl	36.5	12N	12mole	37	1.19	시판의 진한 염산을 그대로 사용
		6	6	20	1.10	12N–HCl 1+물 1
		2	2	7	1.04	6N–HCl 1+물 2
황 산 H2SO4	98.1	18	18	96	1.84	시판의 진한 황산을 그대로 사용
		3	3	25	1.18	36N–H2SO4 1+물 5
		1	1	9	1.06	6N–H2SO4 1+물 2
질 산 HNO3	63.0	16	16	71	1.43	시판의 진한 질산을 그대로 사용
		6	6	32	1.20	16N–HNO3 1+물(1.66)약1.7
		2	2	12	1.07	6N–HNO3 1+물 2
암모니아수 NH4OH	35.1	15	15	28	0.09	시판의 강한 암모니아수를 그대로 사용
		6	6	11.6	0.96	15N–NH4OH 1+물 1.5
		2	2	3.3	0.98	6N–NH4OH 1+물 2
수산화나트륨 NaOH	40.0	10	10	30	1.33	NaOH 400g을 물에 녹여 1ℓ되게 한다
		6	6	20	1.22	NaOH 240g을 물에 녹여 1ℓ되게 한다
수산화나트륨 KOH	56.1	10	10	40	1.41	KOH 563g을 물에 녹여 1ℓ되게 한다
		6	6	27	1.25	KOH 338g을 물에 녹여 1ℓ되게 한다

부록 9. 여과지의 종류와 그의 중요한 용도 및 특성

분 류	품 명	용 도	특 징
정성분석용 여과지	No 1 No 2 No.101	일반정성용 표준성성용 배양기용	조직이 조잡하고, 여과 속도는 빠르나 미세한 침전은 통과한다. No.1보다 침전보존력이 크다. 특히 Buhner funnel에 적합하다. 성질은 No.1에 가까운데, 凸이 되어 있어 점성용개의 여과에 적당하다.
정량분석용 여과지	No.103	반경질성용	No.2보다 더 미세한 침전이 여과된다. 흡인여과가 가능하다
	No 3	간이정량용	두꺼우나 여과는 빠르다. 간단한 정량분석에 쓰인다.
	No 4	경질여과지	표면을 단단하게 한 것. 산이나 알칼리에 강하다. 미세침전도 완전히 보존한다. 흡인여과에 적합하다.
	No. 5A	신속정량용	정량 중에서 가장 여과속도가 빠르고 커다란 침전의 여과에 적합하다.
	No. 5B	일반정량용	여과속도, 침전의 보존성, 회분 등의 정량용 중 중간, 광범위의 정량분석에 쓰인다.
	No. 5C	황산바륨용	극도로 미세한 침전의 여과에 적합하다.
	No. 6	표준정량용	No.5보다 얇고 회분이 적다. 침전의 보존성은 No.5보다 좋다 표준적인 여과지이다.
	No. 7	최고급정량용	지질이 균일하고 섬유의 순도가 좋다. 특별히 정밀한 목적에 쓰인다. 침전의 보존성은 No.5 보다 좋다. 직경 9㎝ 여과지의 회분은 0.00001g
특수용 여과지	No. 84 No. 82 No. 85	속실렛추출기용 여과면용 여과면용	Soxhlet 지방추출기용의 여과지원통(여러 가지 크기) 주류, 맥주, 식초, 간장 등 액체식품의 여과에 이용 교질액이나 박테리아의 여과용
크로마토그래프용 여과지	No. 50 No. 51 No. 51A	표 준 품 무 형 광 무 형 광	정제한 섬유의 균일한 조직으로 만든다. No. 50보다 얇다. 자외선 하에서도 형광을 발하지 않는다. No. 50중의 무기질을 완전히 제거시킨 것. 생화학 정밀분석용.

부록 10. 용액의 농도표시법

농 도	기 호	정 의
	[무게/무게]	
무게 퍼센트 = 무게 백분율	%(또는 Wt%)	100g 용액 속에 녹아 있는 용질의 g수
천분율	‰	1,000g 용액 속에 녹아 있는 용질의 g수 (1‰ = 0.1%)
백만분율(parts per million)	ppm *	1,000,000g 용액 속에 녹아 있는 용질의 g수 (또는 1,000g 용액 속에 녹아 있는 용질의 mg수)
몰농도(molarity)	mol	1,000g 용액 속에 녹아 있는 용질의 몰 수
	[무게/부피]	
몰농도(molarity)	M	1ℓ 용액 속에 녹아 있는 용질의 몰 수
밀리(milli) 몰농도	mM	1mM = 10-3M
미크로(micro) 몰농도	μM	1μM = 10-6M
나노(nano) 몰농도	nM	1nM = 10-9M
피코(pico) 몰농도	pM	1pM = 10-12M
노르말농도(normality)	N	1ℓ 용액 속에 녹아 있는 용질의 그램당량 수
밀리당량(milliequivalent)	meq/ℓ **	1ℓ 용액 속에 녹아 있는 용질의 밀리그램당량 수
	[부피/부피]	
부피 퍼센트	Vol%	100mℓ 용액 속에 녹아 있는 용질의 mℓ수

* mg/100mℓ를 흔히 mg%로 나타내는 경우가 있으나, 이러한 농도표시법은 현재 허용되지 않고 있으므로 이것 대신에 ppm 또는 mM로 표시하는 것이 좋다.

** 때로는 meq/ℓ, meq/100g 등으로 표시하기도 한다.

부록 11. 완충용액(buffer solution)

완충용액의 원액(stock solution)

다음 각 화합물의 해당량을 물에 녹여 용액의 총량이 500mℓ가 되게 한다(메스플라스크를 사용할 것).

0.2M Na_2HPO_4용액 — $Na_2HPO_4 \cdot 2H_2O$ 17.789g
0.2M KH_2PO_4용액 — KH_2PO_4 13.609g
0.1M Na_2CO_3용액 — $Na_2CO_3 \cdot 10H_2O$ 14.300g
0.1M $NaHCO_3$용액 — $NaHCO_3$ 4.201g
0.2M 초산나트륨 용액 — $CH_3COONa \cdot 3H_2O$ 13.609g
0.2M 초산 용액 — CH_3COOH 6.004g
0.05M 시트르산 용액 — 시트르산 일수화물 5.252g
0.05M 시트르산삼나트륨 용액 — 시트르산삼나트륨 이수화물 14.706g
0.2M "Tris" 용액 — Tris — (hydroxymethyl) — aminomethane 12.15g

부록12. 완충제(butter)의 특성

Compound	Abbreviation	Molecular Weight	(20℃)			
			pK_1	pK_2	pK_3	pK_4
N-(2-Acetamido)-2-amino-ethanesulfonic acid	ACES	182.2	6.9	-	-	-
N-(2-Acetamido)-2-aminodiacetic acid	ADA	212.2	6.60	-	-	-
Acetic acid		60.1	4.76	-	-	-
Arginine		174.2	2.17	9.04	12.48	-
Barbituric acid		128.1	3.79	-	-	-
N, N-bis(2-Hydroxyethyl)-2-amino-ethanesulfonic acid	BES	213.1	7.15	-	-	-
N, N-bis(2-Hydroxyethyl)glycine	Bicine	163.2	8.35	-	-	-
Boric acid		61.8	9.23	12.74	13.80	-
Citric acid		210.1	3.10	4.75	6.40	-
Ethylenediaminetetraacetic acid	EDTA	292.3	2.00	2.67	6.24	10.88
Formic acid		46.03	3.75	-	-	-
Fumaric acid		116.1	3.02	4.39	-	-
Glycine		75.1	2.45	9.60	-	-
Glycylglycine	HEPES	132.1	3.15	8.13	-	-
N-2-Hydroxyethylpoperazine-N'-2-ethanesulfonic acid	HEPES	238.3	7.55	-	-	-
N-2-Hydroxyethylpoperazine-N'-3-propanesulfonic acid		252.3	8.0	-	-	-
Histidine		209.7	1.82	6.00	9.17	-
Imidazole		68.1	6.95	-	-	-
2-(N-Morpholino)ethanesulfonic acid	MES	195	6.15	-	-	-
3-(N-Morpholino)propanesulfonic acid	MOPS	209.3	7.20	-	-	-
Phosphoric acid		98.0	2.12	7.21	12.32	-
Succinic acid		118.1	4.18	5.60	-	-
3-Tris(Hydroxymethyl)amino-Propanesulfonic acid	TAPS	243.2	8.40	-	-	-
N-Tris(Hydroxymethyl)methyl-2-aminoethanesulfonic acid	TES	229.2	7.50	-	-	-
N-Tris(Hydroxymethyl)methylglycine	Tricine	179	8.15	-	-	-
Tris(Hydroxymethyl)aminomethane	Tris	121.1	8.30	-	-	-

부록. 중요한 단백질의 분자량

Name(Source)	Molecular Weight
Albumin(bovine serum)	65,400
Albumin(egg white)	45,000
Carboxypeptidase A(bovine pancreas)	65,268
Carboxypeptidase B(porcine)	34,300
Catalase(bovine liver)	250,000
Chymotrypsinogen(bovine pancreas)	23,200
Hemoglobin(bovine)	64,500
Insulin(bovine)	5,700
α-Lactalbumin(bovine milk)	17,400
Lysozyme(egg white)	17,600
Malate dehydrogenase(pog heart mitochondria)	70,000
Myoglobin(horse heart)	16,900
Pepsin(porcine)	35,000
Peroxidase(horseradish)	40,000
Ribonuclease I(bovine pancreas)	12,600
Trypsinpgen(bovine pancreas)	24,000
Trypsin(bovine pancreas)	23,800
Tryrosinase(mushroom)	128,000
Uricase(pig liver)	125,000

부록 13. 여러 가지 완충용액의 조제법

0.1M 아세트산 완충용액

pH	0.1 M CH_3COONa(mℓ)	0.1 M CH_3COOH(mℓ)
3.60	7.5	92.5
3.80	12.0	88.0
4.00	18.0	82.0
4.20	26.5	73.5
4.40	37.0	63.0
4.60	48.0	52.0
4.80	59.0	41.0
5.00	70.0	30.0
5.20	79.0	21.0
5.40	86.0	14.0
5.60	91.0	9.0
5.80	94.0	6.0

0.5 M 시트르산 완충용액

pH	0.05 M 시트르산(mℓ)	0.05 M 시트르산 나트륨(mℓ)
3.00	91	9
3.20	86	14
3.40	80	20
3.60	75	25
3.80	70	30
4.00	65	35
4.20	60	40
4.40	55	45
4.60	50	50
4.80	44	56
5.00	39	61
5.20	34	66
5.40	29	71
5.60	24	76
5.80	19	81
6.00	14	86

0.1 M 인산칼륨-인산나트륨 완충용액

pH	0.1 M KH_2PO_4 (mℓ)	0.1 M Na_2HPO_4 (mℓ)
5.30	98	2
5.60	91	9
5.90	90	10
6.20	80	20
6.50	70	30
6.60	60	40
6.80	50	50
7.00	40	60
7.20	30	70
7.40	20	80
7.70	10	90
8.00	5	95

0.1 M 인산완충용액

pH	0.2 M KH_2PO_4 (mℓ)	0.2M NaOH(mℓ)	H_2O(mℓ)
5.80	50.0	3.6	46.4
6.00	50.0	5.6	44.4
6.20	50.0	8.1	41.9
6.40	50.0	11.6	38.4
6.60	50.0	16.4	33.6
6.80	50.0	22.4	27.6
7.00	50.0	29.1	20.6
7.20	50.0	34.7	15.3
7.40	50.0	39.1	10.9
7.60	50.0	42.8	7.2
7.80	50.0	45.3	4.7
8.00	50.0	46.7	3.3

0.1M Tris 완충용액

PH	0.2 M Tris(mℓ)	0.2 M HCl(mℓ)	H20(mℓ)
7.00	50.0	46.6	3.4
7.20	50.0	44.7	5.3
7.40	50.0	42.7	8.0
7.60	50.0	38.5	11.5
7.80	50.0	34.5	15.5
8.00	50.0	29.2	20.8
8.20	50.0	22.9	27.1
8.40	50.0	17.2	32.8
8.60	50.0	12.4	37.6
8.80	50.0	8.5	41.5
9.00	50.0	5.7	44.3

0.1M 탄산 완충용액

PH	0.2 M Tris(mℓ)	0.2 M HCl(mℓ)	H20(mℓ)
9.00	50.0	3.0	47.0
9.20	50.0	4.6	45.4
9.40	50.0	6.8	43.2
9.60	50.0	10.0	40.0
9.80	50.0	15.2	43.8
10.00	50.0	21.4	28.6
10.20	50.0	27.6	22.4
10.40	50.0	33.0	17.0
10.60	50.0	38.2	11.8
10.80	50.0	42.4	7.6
11.00	50.0	45.4	4.6